U0320193

理科力をきたえるQ&A

佐藤勝昭　ソフトバンク クリエイティブ株式会社　2009

著 者 简 介

佐藤胜昭

　　1942年生于日本兵库县。1966年毕业于京都大学研究生院，工学博士。毕业后就职于日本广播协会。1984年就职于东京农工大学，2007年于同校取得名誉教授职位。目前在日本科学技术振兴机构(JST)领导"次世代装置"的研究，同时也是一位西洋画画家，担任日本画府西洋画部常务理事审查员。著作有《光与磁》(朝仓书店)、《应用电子物理工学》(Corona社)、《金色石头的魅力》(裳华房)、《应用物理》(OHM社)、《功能材料量子工学》(讲谈社)等。

株式会社Beeworks

　　内文设计、艺术指导。

佐藤胜昭

　　插图绘制。

这都不懂？

强壮理科神经的 100个问答

〔日〕佐藤胜昭/著

王丽丹/译

科学出版社

北京

图字：01-2013-1067号

内 容 简 介

"形形色色的科学"之全新系列"生活科学馆"闪亮登场了！

为什么干燥环境下容易产生静电？为什么铁可以带上磁性？油为什么易燃？为什么白砂糖是白色的、而冰糖是透明的呢？别小看这些理科问题，也许已经是大人的爸爸妈妈也经常被孩子的随口一问难住。还好，本书精选了100多个孩子问得最多、却不容易回答的理科小问题，能够非常有效地强壮你的理科神经，效果不错哟！

本书适合青少年读者、科学爱好者以及大众读者阅读。

图书在版编目(CIP)数据

这都不懂？强壮理科神经的100个问答/(日)佐藤胜昭著，王丽丹译.—北京：科学出版社，2013.6（2019.5重印）

（"形形色色的科学"趣味科普丛书）

ISBN 978-7-03-037471-4

Ⅰ.这… Ⅱ.①佐… ②王… Ⅲ.自然科学-普及读物 Ⅳ.①N49

中国版本图书馆CIP数据核字(2013)第097414号

责任编辑：石 磊 唐 璐 赵丽艳
责任制作：刘素霞 魏 谨
责任印制：张 伟 / 封面制作：铭轩堂
北京东方科龙图文有限公司 制作
http://www.okbook.com.cn

科 学 出 版 社 出版
北京东黄城根北街16号
邮政编码：100717
http://www.sciencep.com

北京虎彩文化传播有限公司 印刷
科学出版社发行 各地新华书店经销
*
2013年6月第 一 版 开本：A5（890×1240）
2019年5月第三次印刷 印张：7 1/4
字数：170 000
定 价：45.00元
（如有印装质量问题，我社负责调换）

感悟科学，畅享生活

如果你一直在关注着"形形色色的科学"趣味科普丛书，那么想必你对《学数学，就这么简单！》、《1、2、3！三步搞定物理力学》、《看得见的相对论》等理科系列的图书和透镜、金属、薄膜、流体力学、电子电路、算法等工科系列的图书一定不陌生！

"形形色色的科学"趣味科普丛书自上市以来，因其生动的形式、丰富的色彩、科学有趣的内容受到了许许多多读者的关注和喜爱。现在"形形色色的科学"大家庭除了"理科"和"工科"的18名成员以外，又将加入许多新成员，它们都来自于一个新奇有趣的地方——"生活科学馆"。

"生活科学馆"中的新成员，像其他成员一样色彩丰富、形象生动，更重要的是，它们都来自于我们的日常生活，有些更是我们生活中不可缺少的一部分。从无处不在的螺丝钉、塑料、纤维，到茶余饭后谈起的瘦身、记忆力，再到给我们带来困扰的疼痛和癌症……"形形色色的科学"趣味科普丛书把我们身边关于生活的一切科学知识，活灵活现、生动有趣地展示给你，让你在畅快阅读中收获这些鲜活的科学知识！

科学让生活丰富多彩，生活让科学无处不在。让我们一起走进这座美妙的"生活科学馆"，感悟科学、畅享生活吧！

前　言

　　微波炉、电磁炉、电冰箱、液晶电视、手机……这些都是我们经常使用却又不曾特别留意的东西。如果哪一天突然被孩子问到这些家电的结构和工作原理，我们该怎样回答呢？

　　例如，金属为什么容易导电、导热？金子为什么会发光？敲打金子后，为什么它可以延伸？铁为什么会生锈？不锈钢为什么就不会生锈？……

　　孩子的世界里，总会有许许多多的"为什么"。我们能够准确地回答孩子们的"为什么"吗？

　　"即使不知道为什么，只要会用就好了！"大人经常会用这样的言语来回答孩子们的提问，这无形中会抹杀掉孩子的好奇心。我们大多数人都已经忘记了在学校里学过的理科知识，学校里没有学习过的问题却频繁地出现，或许我们已经跟不上知识更新的步伐了，因此我们阻止孩子提出"为什么？""怎么做？"的问题，这样扼杀他们的好奇心是不合适的。

　　为了让大人们可以回答孩子的"为什么"，本书特意从孩子提出的386个提问中，选出大约100个问题来编写。

第1章，我们选择对孩子来说非常重要的与食物相关的问题。若要回答微波炉、电磁炉、电冰箱等"为什么"的问题，需要物理方面的知识。然而，要回答砂糖和食盐、燃烧和火焰、杯子外壁的水珠等日常问题，则需要化学方面的知识。

第2章是与金属的奥秘相关的问题。易于导电、导热且延展性佳等金属特有的性质，都是自由电子作用的结果。因为这些知识需要稍微深层一点的物理知识，本书会结合插图来进行解释说明。

第3章从磁性与电流的关系开始说明。上学时，孩子们学习过磁铁与磁力线，所以对磁性会有许多疑惑。但是，若要准确地回答磁性的相关问题，则需要大学程度的物理知识。本章在说明的同时，配以小专栏来辅助说明磁性是如何被应用到日常生活用品上的。

第4章为光线和色彩的奥秘，是孩子们更加感兴趣的部分。喜欢漫画和绘画的孩子，总是对光线或色彩有许多疑惑。科学家在探索光线真理的同时，建立了量子理论和相对论等现代科学。

第5章为"宝石的奥秘"，也是十分吸引孩子们的一个课题。宝石的颜色和晶体中电子的运动有关，这是提高我们理科常识的很好的资料。本章中还介绍宝石被应用在精密仪器、激光等高科技设备上的一些相关内容。

第6章为"电的奥秘"，我们带着疑问来介绍电是如何产生的，以及电池、日光灯、LED等相关内容。

第7章为"电子产品的奥秘"，带来了有关液晶电视、手机、计算机以及互联网等相关问题的解答。这一章节中，针对很难向别人解释清楚的"为什么"，我们详细地阐述了与物理和电子学等学科相关的理科知识。

第8章是关于"宇宙和地球的奥秘"，虽然可以回答的问题有限，但我们仍在这一领域中提出一些基本问题来讨论。

在这里，我们还要向协助我们收集近400个问题的"HOH理科研究班"的各位老师表示由衷的感谢！在这400个问题中，也包括很多关于动植物等生命科学的问题，但是请允许笔者在本书中优先回答自己较为擅长的领域的问题。笔者同时身为西洋画画家，书中的插图全部由笔者本人绘制而成，如能给各位读者带来一点点乐趣，笔者将感到荣幸之至。

佐藤胜昭

目　录　CONTENTS

CONTENTS

CONTENTS

Kitchen

第 1 章

厨房里的奥秘

环顾厨房，我们会发现其中有许多奥妙。
这些奥妙中，又包含了许多科学常识。
让我们共同来探索厨房的奥妙，
丰富自己的理科常识吧！

 Q 001 微波炉加热食物的原理是什么？电子是怎样运动的？

 A 微波炉是依靠微波从中心开始对食物进行加热的，与电子无关。

微波炉在日语中写作"电子炉"，但英文名称是"microwave oven"（微波炉），二者相比，后者能更充分地说明其工作原理。微波炉将磁控管（图中的❶）产生的微波，借着天线❷辐射向食物❸，使食物覆盖在电磁波中。

手机的电磁波频率为0.8~2GHz※，微波炉则是2.45GHz，它们与卫星一样，都是同一频率范围内的电磁波。

食物中含有的水为极性分子，当它接触到2.45GHz的高频电磁波时，由于电场的作用，其内部的水分子会以每秒钟25亿次的频率振动。分子振动（主要是水分子的来回振动）时所产生的能量会转变为热能，从而将食物加热。总之，就是食物中的水分会成为热源，将食物变热。

市场中销售的微波炉能够感知食物的温度，所以通过控制电磁波的强度和加热时间，可以令其保持在适当的温度范围内。因为这个环节使用了温度传感器等电子学的知识，所以日文中将其称为电子炉。

图 微波炉的加热原理

温度传感器

天线

金属网

微波

2

1

3

磁控管
（可以发出微波的真空管）

电子电路

托盘

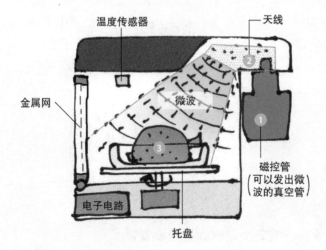

微波

由于微波电场的作用，会引发食物内水分子的运动，并将其转化为热能

水分子

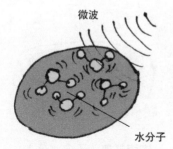

※ 1GHz等于1000MHz（兆赫），表示1s内振动10亿次。

A 因为陶瓷器皿中没有水分。

食物中的水分子在电磁波的作用下会振动而产生热能，但是陶瓷器皿中没有水分子，便无法产生热能，所以即使将它放入微波炉中也不会变热。

不过，加热时食物的热量会传给盘子，使盘子变热。大家在使用过程中还要多加注意。

图 **水分的有无决定物体是否会发热**

食物（含有水分）　　　陶瓷器皿（不含水分）

Q 003 如果使用相同的电磁波，可以用手机加热食物吗？

A 手机发射的电磁波，不及微波炉的1/1000，所以无法用它来加热食物。

手机发射的电磁波，最大强度约为800mW（毫瓦），不及微波炉强度（1kW）的1/1000，所以手机发射的电磁波无法加热任何东西。

图 同样是电磁波却无法加热……

800mW（=0.8W）
以下的弱电磁波

1000W以上的
强电磁波

Q 004 微波炉中的托盘为什么要旋转呢?

A 为了使食物可以均匀地接收到电磁波，托盘需要旋转。（此方式适用于早期的微波炉）

如图所示，由天线处发出的电磁波无法覆盖整个食物，因此食物会分成两部分：受热部分与未受热部分。为了使食物均匀地受热，托盘需要旋转。

图 为了食物受热均匀，托盘需要不停地旋转

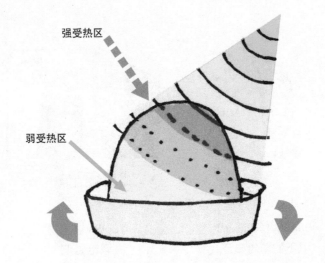

强受热区

弱受热区

Q 005 微波炉门内侧为什么有金属网?

为了防止电磁波外泄(金属网可以反射电磁波)。

我们知道,微波炉是借助电磁波来加热食物的,但是如果不小心被电磁波辐射到,极易引起烫伤。因此,在保证电磁波不外泄的同时,又可以清楚地看到炉内食物的加热状况,微波炉门内侧安置了一层金属网。

图 **金属网可以挡住电磁波**

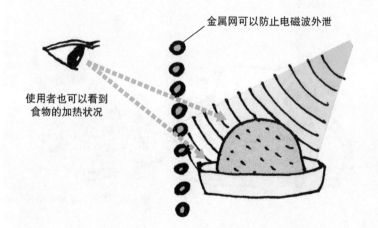

金属网可以防止电磁波外泄

使用者也可以看到食物的加热状况

铝箔纸为什么不可以放入微波炉中加热?

A 电磁波产生的电场会引起金属短路，还可能会熔化铝箔纸，而且尖角处也可能会放电，所以铝箔纸放入微波炉中非常危险。

我们知道，铝是导电性较好的金属。如果用金属丝将电池的两极连接起来（让它短路），会有大量的电流通过该金属丝，金属丝就会过热熔化甚至断裂。同理，若将铝等金属放入微波炉中，由于电磁波的作用，会在金属表面形成强电场而引起放电，当有电流通过时金属极易熔化。

图 金属因为有大量电流通过而导致过热熔化，也较易引起放电

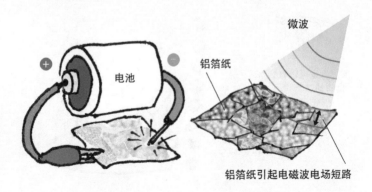

微波

铝箔纸

电池

铝箔纸引起电磁波电场短路

Q 007 鸡蛋放入微波炉中加热为什么会爆裂?

水分受热会形成水蒸气,却又被封闭在狭小的蛋壳中,随着蛋壳内压力的上升而爆裂。

我们用微波炉加热鸡蛋时,鸡蛋中的水分会因为受热而变成水蒸气。随着气体压力的不断增加,超过蛋壳的极限耐压后鸡蛋就会爆裂。如果只是加热10s左右,水分会保持高温的液体状态,但敲碎蛋壳时也可能会因急速气化而爆裂,这也是十分危险的。另外,密封的调料包放入微波炉中加热,也会发生同样的事情。

图 **水分转变成水蒸气**

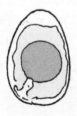

电磁炉的科学

Q 008

电磁炉尽管没有火，为什么也可以做出菜肴?

A　**使用电磁炉时，锅具本身会产生热能。**

　　电磁炉的英文名称是IH Heater，IH是"Inductive Heating"的缩写，为感应加热的意思。如图所示，我们拆开电磁炉的绝缘板，会看到它的底部有一个金属线圈❶，如果从变频器❷供给2万~6万Hz（赫兹）的高频电流，借助金属线圈便会产生磁力线。

　　下页中间的图所描绘的就是磁力线的状态。如蓝色和红色的箭头所示，在ⓐ和ⓑ之间，高频电流以每秒钟2万~6万次的频率做周期变化，而在线圈的内外两侧便会形成交流磁场，方向如橙色和绿色箭头所示。

　　当磁力线❸通过锅底的金属时，由于感应会产生涡电流❹。因为锅底的金属具有电阻，涡电流流动受阻会使电能转化为热能，从而使金属变热，这就是"感应加热"。陶瓷和玻璃等都是绝缘物质（不具有导电性），即使接收到电磁波，也不会产生涡电流，所以陶瓷制的绝缘板不会发热。

图 **电磁炉加热原理**

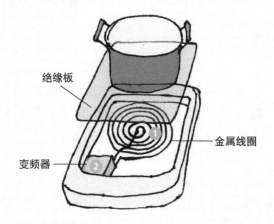

绝缘板

金属线圈

变频器

● **磁力线方向改变**

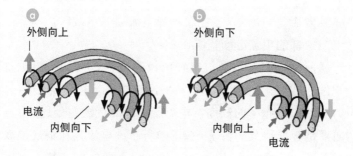

ⓐ

外侧向上

电流

内侧向下

ⓑ

外侧向下

内侧向上

电流

● **锅底发挥加热器的功能**

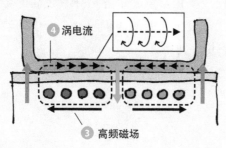

④ 涡电流

③ 高频磁场

Q 009 为什么有些锅具可以用电磁炉加热,有些却不可以?

A 电磁炉的工作原理是涡电流受阻转化为热能来实现能量转化。如果是电阻率不高的金属锅具,则无法使用电磁炉加热。

电磁炉是借助磁力线产生的涡电流受阻后,将电能转化为热能的原理来加热食物,所以电阻率不高的金属是无法产生热量的。除了铁、不锈钢等电阻率高的金属锅具,其他金属锅具很难充分加热。高频电流具有无法通过金属内部的特性,这就是"趋肤效应"。图1以蓝色表示当电流通过电线时,从截面图来看电线内部的电流分布情况。

如❶所示,直流电通过电线时没有变化,而交流电则是在接近电线表皮处通过,中心处几乎没有电流流过。而如❷~❹所示,随着电流频率的升高,电流就会越靠近表皮处通过。

如果是金属锅具的情况,如图2所示,电流只在锅底的表面到浅层处流动,所以锅具是从表面开始产生热能。趋肤深度与电导率的平方根成反比,铜和铝等电导率较高的金属锅具,因为趋肤深度较浅,发出热能的体积较小,产生的热能也很少,所以无法在电磁炉上使用。

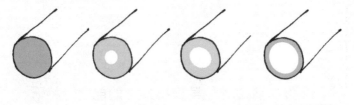

图1 电流与趋肤效应

❶直流电 　❷低频交流电 　❸中频交流电 　❹高频交流电

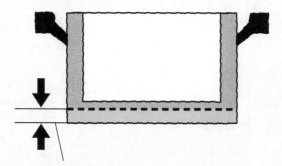

图2 金属锅具的趋肤深度

趋肤深度
（涡电流只在这部分流动）

由于"趋肤效应"的关系，高频电流只在接近金属表面的地方流动

Q 010 为什么铝锅也可以用在电磁炉上了呢?

A 为加强磁场传导到锅具上的电流，特研发了这类电磁炉。

　　只要我们投入足够多的电力，像铝这种导电性好的金属，也可以用电磁炉加热。只是用来加热铝锅的电磁炉所需要的线圈是普通电磁炉的4倍。除此之外，如Q009所述，利用电阻率越高越容易发热的原理，可以使用6万Hz的高频电波来加强生热的能力。

图 **金属锅具的表皮深度**

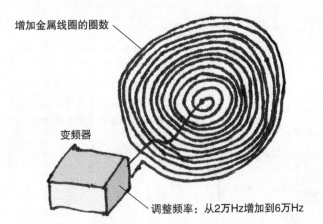

增加金属线圈的圈数

变频器

调整频率：从2万Hz增加到6万Hz

电饭煲的原理

与只对底部加热的电锅相比，电饭煲以感应加热的原理使锅具自身产生热量，从而能够更加均匀地加热

因为锅具本身会产生热量，所以能够更加均匀地加热

金属线圈　磁力线

电饭煲

只有加热器上方受热

发热

电锅

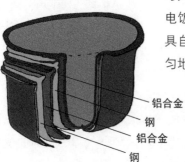

铝合金
钢
铝合金
钢

与只对底部加热的电锅相比，电饭煲以感应加热的原理使锅具自身产生热量，能够更加均匀地加热

电冰箱的科学

Q
011

电冰箱如何使用电力冷却食物呢?

A

电冰箱是利用氟利昂从液体转变成气体的过程来吸收热量的。

　　我们在医院打针时,护士首先要用酒精对打针的部位进行消毒,这时候我们会感觉到消毒位置的皮肤凉凉的。这是因为酒精转化为气体时,会从皮肤表面吸收热量。这个热量我们称为"气化热"。冰箱便是利用这一原理来制冷。

　　下图是冰箱的结构图。我们可以看到冰箱里铺有管线,冷藏室外部有压缩机❶和蒸发器❷,内部有冷凝器❸,氟利昂便存放在这里。室温下的氟利昂是液体状态,只要温度略有上升就会变成气体。被压缩机❶压缩的气体由于温度升高,通过冰箱弯曲的管线进入到蒸发器❷,然后再通过散热板降温变回液体状态。液态的氟利昂被导入冰箱内,以雾状(微小的液体粒子)从狭小的管道进入空间较为宽敞的冷凝器❸中。此时,由于周围压力的下降,又会变成气体被导入到压缩机中。

　　在这个过程中,氟利昂会从冷凝器吸收热量,而失去热量的冷凝器外侧的空气被冷却后变成"冷气",这种冷气便可以冷却冰箱内的食物。氟利昂不断地重复着液体→气体→液体的变化过程,冰箱的热能借助蒸发器被导出,所以又称为"热泵"。空调也是同样的原理。

图 **冰箱各部分的构造**

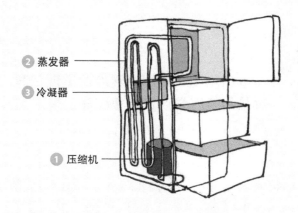

2 蒸发器

3 冷凝器

1 压缩机

图 **冰箱的冷却原理**

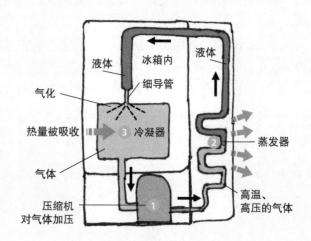

液体

冰箱内

液体

气化

细导管

热量被吸收

3 冷凝器

2 蒸发器

气体

压缩机
对气体加压

1

高温、
高压的气体

Q 012 煤气冰箱为什么也可以制冷?

与电冰箱使用氟利昂制冷的道理相同,只不过是用煤气燃烧液体氟利昂,来取代压缩机产生高压气体。

电冰箱利用压缩机产生高压气体。而煤气冰箱则如图所示,借助燃烧煤气来加热产生器①中的制冷剂(氨水溶液),生成氨气+水蒸气。分离器②则会将水与氨气分开,水回流到储液槽⑤,而氨气在通过类似于电冰箱冷凝器功能的电容器③后又变回氨水,被导入冰箱的蒸发器④中。氨水在蒸发器中气化吸收冰箱中的热量,从而实现冷却冰箱内食物的目的。氨气则再次被导入储液槽⑤与水结合变成氨水,氨水回到产生器①后再被加热,不断地重复以上循环过程。

煤气冰箱不使用马达,这是它与电冰箱的不同之处,因此被称为"安静冰箱"。还有一种被称为煤气冷气的空调系统,同样通过燃烧煤气等工作过程来冷却周围的空气。但与煤气冰箱不同的是,它工作时需要使用压缩机,而带动压缩机工作的则是引擎,因此煤气冷气工作时会产生引擎声。

图 煤气冰箱的工作原理

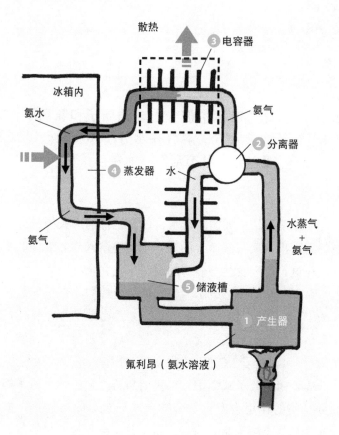

散热

3 电容器

冰箱内

氨水

氨气

2 分离器

4 蒸发器

水

水蒸气
+
氨气

氨气

5 储液槽

1 产生器

氟利昂（氨水溶液）

燃烧煤气是为了增加氟利昂的压力哦！

溶 解

Q 013 食盐与砂糖的溶解方式有什么不同吗?

A 食盐在水中被分解成钠离子和氯离子，它以离子的方式溶解在水分子中；而砂糖则是直接以分子状态溶解在水中。

水分子的结构如图 a 所示，以氢氧键的形式构成。溶解于水的意思是指物质（溶质）的分子平均地溶入作为溶剂的水分子之间。在这一点上食盐与砂糖的溶解方式完全不同。

固态食盐如图 d 所示，根据库仑定律[1]，带正电荷的钠离子（Na^+）与带负电荷的氯离子（Cl^-）紧密地结合在一起，呈现离子晶体的状态。如图 b 所示，食盐溶解于水时，会分解成钠离子（Na^+）和氯离子（Cl^-），进入水分子中。

从砂糖的分子式 $C_{12}H_{22}O_{11}$ 我们知道，它由45个原子构成，通过分子间的作用力[2]而紧密结合在一起形成结晶状，如图 e 所示。砂糖的水溶液则如图 c 所示，分子会保持原来的状态进入水分子之间。

[1] 库仑定律（Coulomb's Law）：两个电荷间的作用力，同号电荷相斥，异号电荷相吸。

[2] 分子间作用力：两个中心分子间的作用力，只在分子接近的情况下产生作用。

图 **食盐与砂糖的不同溶解方式**

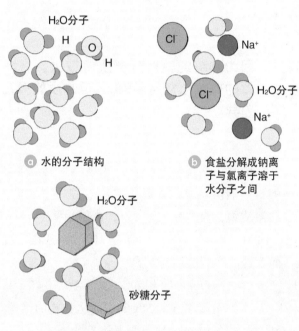

H₂O分子

a 水的分子结构

Cl⁻ Na⁺

Cl⁻ H₂O分子

Na⁺

b 食盐分解成钠离子与氯离子溶于水分子之间

H₂O分子

砂糖分子

c 砂糖保持分子状态溶于水分子中

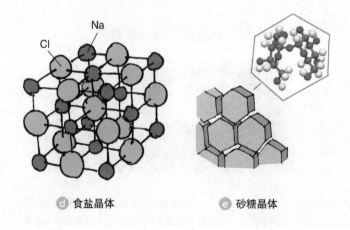

Na

Cl

d 食盐晶体

e 砂糖晶体

Q 014 与食盐相比，水为什么可以溶解更多的砂糖？

因为砂糖的相对分子质量较大。虽然砂糖溶解的克数比食盐多8倍，但物质的量几乎没有差异。

只要物质还能继续被水溶解，水就会保持透明状态。当水无法溶解更多的溶质时，此时的水溶液称为"饱和水溶液"。而过多的溶质便会沉入水底。每100g溶剂可以溶解的溶质质量（g），称为"溶解度"。砂糖在20℃水中的溶解度大约是204g，而食盐的溶解度约为26g。

砂糖（$C_{12}H_{22}O_{11}$）的相对分子质量是342g/mol，食盐（NaCl）的相对分子质量是58g/mol，从物质的量※来看砂糖约为0.6mol，食盐约为0.45mol，两者相差并不大。

图 100g水中可以溶解食盐与砂糖的量

204g的砂糖

26g的食盐

100g的水

※ 物质的量：计算原子和分子的数量单位。某些物质只由原子构成，只能以原子数计算其质量；只由分子构成时，就以相对分子质量计算其质量。

Q **015** 升高水温可以增加砂糖的溶解度，为什么食盐却不能？

A 即使在低温的水中，食盐的分子也会离子化溶解于水中。而在高温的水中，砂糖分子间的结合较易被破坏而溶解于水中。

食盐在20℃的水中会溶解0.45mol，但水温即使上升到100℃也只会溶解0.48mol。由此可见，水温的高低对食盐的溶解度几乎没有影响。相比之下，砂糖在20℃的溶解度是0.6mol，在100℃的水中则是1.4mol，随着温度的升高，溶解度也会随之增加。

将固体溶解于水时的必需热能称为"溶解热"，食盐的溶解热只有3.9kJ/mol。在低温下，它也会离子化后溶解，所以即便升高水温，溶解度也不会增加。而砂糖的溶解热为5.4kJ/mol，在低温的水中，砂糖的分子紧密地结合在一起，附着在分子表面的能量也较为稳定，所以很难溶解。

图 **温度与溶解方式的不同**

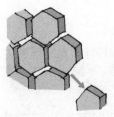

氯化钠的晶体

少许热能就可以切断分子间的连接

离子化后扩散

相比之下，破坏砂糖分子间的结合则需要更多热能

Q 016 油为什么易燃?

即使在低温下，油也较易蒸发成气体与空气混合，所以具有易燃性。

物质燃烧是由于它和空气中的氧气发生化学反应。这里我们要特别说明着火点与燃点的不同之处。"着火点ⓐ"指在加热的容器上滴一滴油，产生的蒸气与空气混合形成可燃性混合物，当遇到火源时能够起火的最低温度。"燃点ⓑ"则是指加热过后的油靠近火源时，能够起火的最低温度。

下表将汽油、煤油、大豆油的着火点、燃点、沸点——列出。从表中的数据来看，各种油的着火点都很高，它们本身并不容易燃烧。特别是汽油，需要300℃的高温才能被点燃。但是从燃点来看，它们所需要的温度就低得多。为什么汽油在-40℃的低温下都可以被点燃？这是因为汽油蒸发变成气体，与空气混合

表　各种油的易燃程度

	着火点/℃	燃点/℃	沸点/℃	燃烧范围/%
汽油	300	<-40	30~210	1.4~7.6
煤油	256	40~60	150~320	1.1~6
大豆油	444	282	热分解	不明

到刚好介于燃烧范围（占全部空气的1.4%~7.6%）时，汽油就会发生自燃。当浓度高于或低于这个范围时，都不会发生自燃现象。像这样，物质在气化后燃烧，称为"蒸发燃烧"。

虽然汽油的沸点是30~210℃，但即使周围的温度低于沸点时也有可能蒸发，所以在-40℃的低温时也会产生油气，极易发生燃烧。

煤油的沸点是150~320℃，相对来说很难蒸发，所以不容易引发燃烧。烹炸食物用的大豆油，不仅着火点高达444℃，燃点

图　**着火点与燃点**

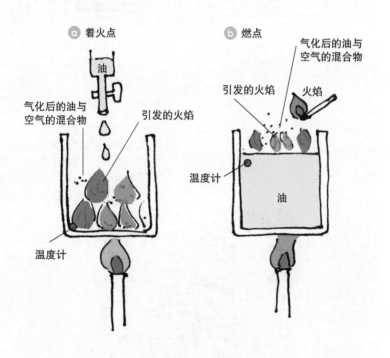

ⓐ 着火点

气化后的油与
空气的混合物

引发的火焰

温度计

ⓑ 燃点

气化后的油与
空气的混合物

引发的火焰

火焰

温度计

油

也高达282℃。炸食物时，即使拿着火柴靠近油锅，也不会像汽油一样很容易就被点燃。大豆油会在达到沸点前分解成可燃性气体而燃烧，我们称之为"分解燃烧"。

图 **蒸发燃烧与分解燃烧**

可燃性物质本身气化后燃烧

热分解产生的可燃性气体

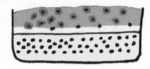 

汽油燃烧
（蒸发燃烧）

大豆油燃烧
（分解燃烧）

虽然都是油，但大豆油和汽油的燃烧方式可是完全不同的哦！

燃　烧②

Q
017

火焰是如何产生的?

A

火焰是气体持续燃烧时的一种状态。

　　如下图所示,以蜡烛燃烧时的火焰为例来说明,❶石蜡受热溶解会变成液体,❷该液体通过毛细血管现象传导至烛芯纤维的上端,❸受热后再蒸发为石蜡气体,❹该气体接触到氧气后燃烧会产生热量,借助这个热量引发步骤❶液体石蜡的蒸发,从而会产生步骤❸所需的石蜡气体来维持这个燃烧现象。

　　一般来说,高温物质都会放射出光线,我们称之为"黑体辐射"。温度越高,所放射出的光线波长越短。因为蜡烛火焰的外侧与氧气接触较为充分,会促进氧化反应而产生较高的温度,所

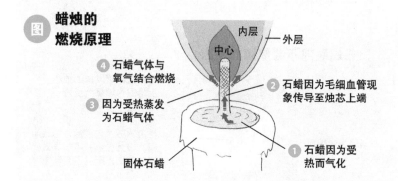

图 **蜡烛的燃烧原理**

内层
外层
中心

❹ 石蜡气体与氧气结合燃烧

❷ 石蜡因为毛细血管现象传导至烛芯上端

❸ 因为受热蒸发为石蜡气体

❶ 石蜡因为受热而气化

固体石蜡

以火焰的外侧呈现蓝色。而火焰内侧因为氧气较少，燃烧不充分，燃烧剩下的碳会以炭黑微粒子的形式出现。由于炭黑微粒子会发光，且内侧火焰的温度不高，所以我们看到的是明亮的橘红色火焰。

Q 018　烛芯为什么不是首先燃烧的部位？

A　因为蜡烛气化时会吸收气化热，而烛芯温度较低，燃烧较为缓慢。

烛芯并非不燃烧，只是燃烧速度较为缓慢。这是因为传导至烛芯尖端的液体石蜡会渗透整个烛芯，石蜡在气化时会吸收气化热，使得周围温度下降，从而导致烛芯周围的温度比着火点还低。而尖端部位因为没有气化的石蜡，当温度升高时，烛芯因氧化而蒸发。

图　**蜡烛底部不会燃烧的原因**

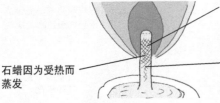

石蜡气体蒸发掉的烛芯上端因为燃烧而变短

石蜡因为受热而蒸发

被液体石蜡包围的烛芯根部，因为热量被吸收导致温度下降，所以不会燃烧

凝　结

Q 019

为什么装有冷饮的玻璃杯表面会有水珠？
难道是水透过玻璃杯了？

A 因为空气中的水蒸气遇冷会凝结成液体。

　　水蒸气是水分子存在于空气中的一种状态。在一定温度下，单位体积的空气中所含有的水蒸气质量称为"饱和水蒸气量"。温度越高，空气中所含有的水分越多。如下表所示，在25℃的空气中，1m³含有23.1g的水蒸气，而在10℃的空气中，1m³仅含有9.41g的水蒸气。

挂满水珠的
玻璃杯

　　水分子是无法通过玻璃杯的，为什么装有冷饮杯子的外壁还会有水滴呢？那是因为杯子周围的空气中所含有的水蒸气遇冷而发生了凝结。

　　所谓的相对湿度，是指在一定温度下，1m³空气中所含有的水蒸气量与该温度下饱和水蒸气量的比值，通常用百分比表示。

表　饱和水蒸气量

$T/℃$	g/m³	$T/℃$	g/m³	$T/℃$	g/m³	$T/℃$	g/m³
-10	2.36	10	9.41	13	11.35	20	17.3
0	4.85	11	10.01	14	12.07	25	23.1
5	6.8	12	10.66	15	12.83	30	30.4

我们假设现在房间内的相对湿度是60%，温度为25℃，那么该房间每立方米空气中所含有的水分为23.1g×0.6≈13.9g。

如曲线图所示，25℃时空气中可以含有的水蒸气量为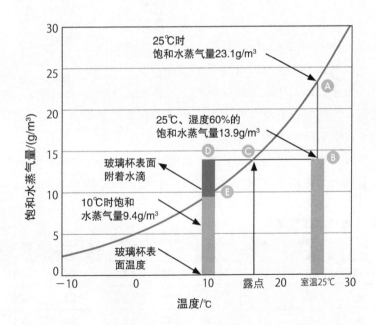Ⓐ，相对湿度为60%，则空气中实际含有的水蒸气量为Ⓑ，气温一旦下降到Ⓒ时，与该温度下的饱和水蒸气量相同，我们就将Ⓒ称为"露点"。形象地说，就是空气中的水蒸气变为露珠时的温度。假设将10℃的冷水倒入玻璃杯中，杯子表面附近的饱和水蒸气量为9.4g/ m³（Ⓔ），无法吸收的4.5g水分（Ⓓ-Ⓔ）则会从空气中排出，形成水滴附着在玻璃杯表面。这就是玻璃杯"流汗"的原因。

图 **玻璃杯表面温度与饱和水蒸气量的关系**

Q 020 冬天玻璃杯的表面不会流汗，而夏天就会，这是为什么呢?

A 因为冬天温度较低，且空气干燥缺乏水分，所以露点较低。

温度为15℃、相对湿度为30%的空气，每立方米含有12.83g×0.3＝3.849g的水蒸气，但露点约为-4℃，所以玻璃杯内的水即使是0℃，杯子表面也不会流汗。相对来说，夏天温度较高，空气中可以吸收的水蒸气较多，加上湿度又高，所以露点也很高。只要稍微冷一点，杯子表面就会很容易凝结成水滴。

图 **温度和饱和水蒸气量**

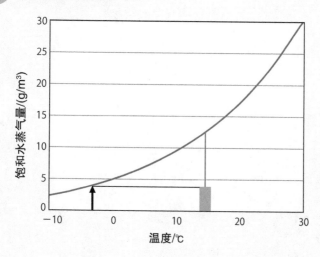

Metal

第 2 章

金属的
奥秘

活跃在本章中的电子们

金属为什么可以导电？
又为什么可以导热？
金属有着许许多多的奥秘，
让我们从金属内部的自由电子开始了解金属吧！

金属的种类

Q 001　金属到底是什么呢？

所谓的金属就是带有金属光泽，并具有易于
导电、导热、加工等性质的物质。

在化学领域中，物质分为有机物和无机物，而金属则属于
无机物。日本的《理化学词典》（岩波书店）则将金属定义为
"具有金属光泽，易于导电、导热，且在固体状态下富有延展
性的物质。"

❶所谓的金属光泽，指的是只要加以打磨就会闪闪发光的性
质。也就是说金属反射光线的能力很好。为什么金属可以反射光
线呢？我们在后文中会做详细回答。在此只能简单地说，这是因
为金属内部的自由电子作用的结果。

❷-❶所谓的"易于导电"，也可以说是电流容易通过。我
们都知道，电线其实是金属材质的线。电流在其中流动的难易程
度称为"电导率"，但是通常我们习惯用"电阻率"（电导率的
倒数）来表示电流通过电线的难易程度。表1是几种主要金属的
电阻率，为 $10^{-6} \sim 10^{-5}\,\Omega \cdot cm$（欧姆·厘米）。而绝缘体的电阻率
为 $10^{-8} \sim 10^{-10}\,\Omega \cdot cm$（欧姆·厘米），相差15个数量级之多。金属
的电阻率之所以很小，是因为其内部具有非常多的自由电子能够
传导电流的缘故。

❷-❷所谓的"易于导热"，就是"热量容易被传递出去"

的意思。热导率的单位是W/(m·K)。表2则是主要金属的热导率。有关这部分内容，同样将在后文中做详细说明。但基本上也是因为自由电子会导热的缘故。

❸所谓的"展性"，是指金属可以像金箔一样被摊平，具有增大面积的性质。而"延性"则是指可以将金属拉伸、延长的性质。展性与延性结合在一起称为"塑性"，有关这部分内容同样会在后文解释，但基本上也是因为自由电子的作用。

表1　**主要金属的电阻率**（20℃）

金属	银	铜	金	铝	铁	钨	钛
电阻率 /(10⁻⁶Ω·cm)	1.61	1.70	2.20	2.74	9.8	5.3	43.1

电阻率一般用 ρ 来表示，长度为L（cm）、横截面积为S（cm²）的电线的电阻R（Ω）可以用公式 $R=\rho L/S$ 来计算。

表2　**主要金属的热导率**（20℃）

金属	银	铜	金	铝	铁	钨	钛
热导率 /[W/(m·K)]	427	398	315	237	80	178	22

图　**自由电子是什么**？

自由电子	
根据库仑定律，原子内的电子会与原子核结合	金属内的电子从原子核脱离后，可以在结晶体内自由移动，是因为金属中原子核所产生的作用力较弱

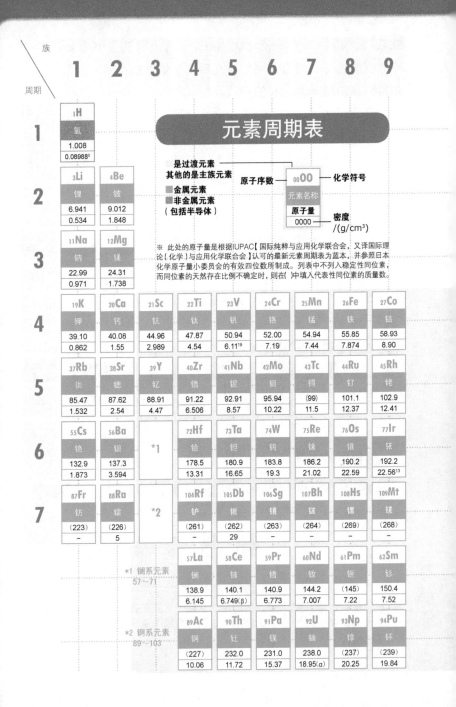

元素周期表

	1	2	3	4	5	6	7	8	9
族
周期

1

₁H
氢
1.008
0.08988⁰

是过渡元素
其他的是主族元素

■金属元素
■非金属元素
（包括半导体）

原子序数 —— ₀₀00 —— 化学符号
元素名称
原子量 —— 0000 —— 密度
/(g/cm³)

2

₃Li	₄Be
锂	铍
6.941	9.012
0.534	1.848

※ 此处的原子量是根据IUPAC【国际纯粹与应用化学联合会，又译国际理论（化学）与应用化学联合会】认可的最新元素周期表为蓝本，并参照日本化学原子量小委员会的有效四位数所制成。列表中不列入稳定性同位素，而同位素的天然存在比例不确定时，则在（）中填入代表性同位素的质量数。

3

₁₁Na	₁₂Mg
钠	镁
22.99	24.31
0.971	1.738

4

₁₉K	₂₀Ca	₂₁Sc	₂₂Ti	₂₃V	₂₄Cr	₂₅Mn	₂₆Fe	₂₇Co
钾	钙	钪	钛	钒	铬	锰	铁	钴
39.10	40.08	44.96	47.87	50.94	52.00	54.94	55.85	58.93
0.862	1.55	2.989	4.54	6.11¹⁹	7.19	7.44	7.874	8.90

5

₃₇Rb	₃₈Sr	₃₉Y	₄₀Zr	₄₁Nb	₄₂Mo	₄₃Tc	₄₄Ru	₄₅Rh
铷	锶	钇	锆	铌	钼	锝	钌	铑
85.47	87.62	88.91	91.22	92.91	95.94	(99)	101.1	102.9
1.532	2.54	4.47	6.506	8.57	10.22	11.5	12.37	12.41

6

₅₅Cs	₅₆Ba	*1	₇₂Hf	₇₃Ta	₇₄W	₇₅Re	₇₆Os	₇₇Ir
铯	钡		铪	钽	钨	铼	锇	铱
132.9	137.3		178.5	180.9	183.8	186.2	190.2	192.2
1.873	3.594		13.31	16.65	19.3	21.02	22.59	22.56¹³

7

₈₇Fr	₈₈Ra	*2	₁₀₄Rf	₁₀₅Db	₁₀₆Sg	₁₀₇Bh	₁₀₈Hs	₁₀₉Mt
钫	镭		𬬻	𬭊	𬭳	𬭛	𬭶	鿏
(223)	(226)		(261)	(262)	(263)	(264)	(269)	(268)
–	5		–	29	–	–	–	–

*1 镧系元素
57～71

₅₇La	₅₈Ce	₅₉Pr	₆₀Nd	₆₁Pm	₆₂Sm
镧	铈	镨	钕	钷	钐
138.9	140.1	140.9	144.2	(145)	150.4
6.145	6.749(β)	6.773	7.007	7.22	7.52

*2 锕系元素
89～103

₈₉Ac	₉₀Th	₉₁Pa	₉₂U	₉₃Np	₉₄Pu
锕	钍	镤	铀	镎	钚
(227)	232.0	231.0	238.0	(237)	(239)
10.06	11.72	15.37	18.95(α)	20.25	19.84

族

10 11 12 13 14 15 16 17 18

周期

2He
氦
4.003
0.1785^0

1

- 氮和砷的熔点分别是在 2.6×10⁶Pa和2.8×10⁶Pa时测得的。
- 铍的熔点是加压时数值。
- 碳采用黑铅的数值。
- 有升华现象的元素，直接以该温度升华。
- 磷的密度采用黄磷的数值。
- 密度上方的数字代表测试温度，未显示测试温度的则采用的是室温，即20℃。

5B	6C	7N	8O	9F	10Ne
硼	碳	氮	氧	氟	氖
10.81	12.01	14.01	16.00	19.00	20.18
2.34	2.26	1.2506	1.429^0	1.696^0	0.8999^0

2

13Al	14Si	15P	16S	17Cl	18Ar
铝	硅	磷	硫	氯	氩
26.98	28.09	30.97	32.07	35.45	39.95
2.699	2.330	1.82	2.07(α)	3.214^0	1.784^0

3

28Ni	29Cu	30Zn	31Ga	32Ge	33As	34Se	35Br	36Kr
镍	铜	锌	镓	锗	砷	硒	溴	氪
58.69	63.55	65.41	69.72	72.64	74.92	78.96	79.90	83.80
8.902	8.96	7.134	5.907	5.323	5.78(灰色)	4.79	3.123	3.749^0

4

46Pd	47Ag	48Cd	49In	50Sn	51Sb	52Te	53I	54Xe
钯	银	镉	铟	锡	锑	碲	碘	氙
106.4	107.9	112.4	114.8	118.7	121.8	127.6	126.9	131.3
12.02	10.500	8.65	7.31	7.31(β)	6.691	6.24	4.93	5.897^0

5

78Pt	79Au	80Hg	81Tl	82Pb	83Bi	84Po	85At	86Rn
铂	金	汞	铊	铅	铋	钋	砹	氡
195.1	197.0	200.6	204.4	207.2	209.0	(210)	(210)	(222)
21.45	19.32	13.55	11.85	11.35	9.747	9.32	–	9.73^0

6

110Ds	111Rg
鐽	轮
(269)	(272)
–	–

7

63Eu	64Gd	65Tb	66Dy	67Ho	68Er	69Tm	70Yb	71Lu
铕	钆	铽	镝	钬	铒	铥	镱	镥
152.0	157.3	158.9	162.5	164.9	167.3	168.9	173.0	175.0
5.243	7.90	8.229	8.55	8.795	9.066	9.321	6.965	9.84

95Am	96Cm	97Bk	98Cf	99Es	100Fm	101Md	102No	103Lr
镅	锔	锫	锎	锿	镄	钔	锘	铹
(243)	(247)	(247)	(252)	(252)	(257)	(258)	(259)	(262)
13.67	13.3	14.79	–	–	–	–	–	–

金属的种类与用途？

A

目前（截至2009年12月）人类所知的元素有111种，其中金属元素有89种。

从前面的元素周期表中我们可以看出，大部分是金属元素，非金属元素仅有一小部分，它们位于周期表的右上角。

元素周期表中第一列所列的金属[锂（Li）、钠（Na）、钾（K）、铷（Rb）、铯（Cs）、钫（Fr）]称为"碱金属"，在空气中的化学性质非常不稳定，极易被氧化。

锂：轻而小的元素，应用在锂电池上。

钠：高速公路上的黄色路灯就是钠灯。

钾：植物肥料的重要元素。

铷：气体状态下的铷可以应用在原子钟上。

铯：光线照射后可以获取电子，容易引发光电效果，经常应用在光线技术上。气体状态下的铯也可应用在原子钟上。

第二列的元素[镁（Mg）※、钙（Ca）、锶（Sr）、钡（Ba）]称为"碱土金属"。

※ 镁有时不归类在碱土金属中。

镁：铝镁合金常应用在计算机机箱的外壳。

钙：构成人体骨骼的重要元素。

锶：在空气中加热到熔点时即会燃烧，发出红色火焰。

钡：胃部拍摄X光片时，硫化钡可以用作显影剂。

　　第三列到第十一列的元素称为"过渡金属"。其中包含了钪（Sc）、钛（Ti）、钒（V）、铬（Cr）、锰（Mn）、铁（Fe）、钴（Co）、镍（Ni）等实用性很高的元素。下面我们介绍一下主要的过渡金属。

钪：碘化钪可以应用在自行车的照明灯上。

钛：轻而强韧，可以用来做眼镜的镜架。

钒：除了应用于汽车的触媒转换器外，也可以与钢混合提高钢的强度。

铬：金属表面镀铬可避免刮伤，它也是不锈钢的重要组成成分。

锰：二氧化锰可以应用在电池上。此外，它还是耐腐蚀、耐磨耗的锰钢构成元素。

铁：除了作为建材应用在建筑、机械、汽车制造等方面外，铁还具有强磁性，被当成磁性材料使用。同时，铁也是人体内血液的重要组成元素。

钴：可用来作为硬盘的磁性存储媒介的材料。

镍：可用作镍氢电池的原料。

锆：氧化锆可以作为半导体电路的高电容绝缘体原料。

铌：与钛或锡的合金可以用作超导体电线的材料。铌酸锂可应用在电视的高频滤波器上。

钼：混合铬和钼的钢材（铬钼钢）可以制作出超合金工具。

钌：可作为化学反应的催化剂。

铑：汽车尾气处理时的重要催化剂。

钯：制作首饰时的贵金属、牙科使用的合金材料等，用途十分广泛。

钽：电容器的重要材料。

铱：具有良好的耐热性，因此经常被用来制作坩埚。

白金：除了首饰之外，还被广泛应用在制作坩埚、催化剂等方面。

过渡金属中，第十一列的元素[铜（Cu）、银（Ag）、金（Au）]被称为"货币金属"，是制作硬币的主要材料。

铜：除了被应用为电线、电极、电路的材料外，还被用来制作青铜、黄铜、白铜等合金。

银：除了被制成首饰外，还被应用在电线、照片等方面。

金：除了被制成首饰、货币外，在电极、电线等方面也是不可或缺的材料。红玻璃中也含有极细小的金粒子。

第十二列的元素[锌（Zn）、镉（Cd）、汞（Hg）]称为"2B族"或"锌族"。

锌：锌铁合金板可以用来做屋顶。此外，氧化锌因为可以用作宽能隙半导体（wide band gap semiconductor）而备受瞩目。

镉：可以作为镍镉充电电池的原材料。

汞：室温下唯一的液态金属。可作为水银灯、荧光灯中的放电气体，也可用于庞大电力的整流器。

第十三列的元素[硼（B）、铝（Al）、镓（Ga）、铟（In）]称为"ⅢB族"或"铝族"。不过硼不是元素而是半导体。

铝：广泛应用在电线、硬币、铝罐、锅、门窗、轨道车辆等方面，铝合金还可用于制造飞机机身。

镓：发光二极管（LED）的重要原料。

铟：应用在可驱动液晶屏幕的透明电极ITO上。

第十四列的元素中，碳（C）、硅（Si）、锗（Ge）为半导体而非金属，但同列的锡（Sn）、铅（Pb）则是金属。

锡：经常会用在钢板上镀锡做成马口铁，还因其熔点低，也常被用作焊锡的材料。

铅：铅酸蓄电池的重要原料。

第十五行的元素如氮（N）、磷（P）是非金属。砷（As）、锑（Sb）是半金属，铋（Bi）是金属。

锑：可应用在焊锡和相变化光盘方面。

铋：应用在铅焊锡、电热转换元件、铋系高温超导线材的材料。

除此以外，未体现在元素周期表中的"镧系元素"、"锕系元素"等也都属于金属元素。镧系元素又被称为"稀土元素"。下面我们只介绍其中的一部分。

钕：钕磁石的重要原料。YAG激光的光源。

钐：钐钴合金可用来做钐钴磁铁。

铕：应用在荧光灯、显像管中的荧光粉。

铽：应用在MD和MO的磁盘上。

铒：光纤系统中必不可少的掺铒光纤放大器EDFA（光线中掺杂铒使光线增幅）的重要组成元素。

　　周期表中第十六列的元素如氧（O）、硫（S）、硒（Se）等都是非金属元素，碲（Te）则是半导体。第十七列和第十八列的元素都是非金属。综上所述，我们知道了地球上的元素一半以上都是金属。

小知识　日本是资源国

❶ 日本独立行政法人，材料与物质研究机构、元素战略总务负责人原田幸明，因为非常担心金属资源被过度开采，所以非常积极地提倡将现有的"都市矿山"资源蓄积在日本。以可再生的金属资源量来计算，他明确表示日本现有的"都市矿山"规模可以与世界资源大国相匹敌。

❷ 通过计算，日本约有黄金6800t，是世界现存含量42000t的16%；约有白银60000t，约占22%；铟占61%；锡约占11%；钽约占10%等，大部分金属都超过了世界埋藏量的10%。另外，与其他国家的埋藏量和保有量相比较，多数金属都可以排进前5名。

都市矿山：高科技产品是资源宝库！

大量被丢弃的家电产品

将这些废弃家电进行人工拆解，取出电子元件后送到工厂进行相关处理，可以提取出很多稀有金属。

　　如果我们对废弃的手机进行人工拆解，并提炼电子元件中的金属的话，我们会发现在1t的废弃手机中，约含有金（Au）1430g、银（Ag）5700g、钯（Pd）430g、铜（Cu）310g。我们要知道，即使是在矿山中开采出的金矿石，1t矿石中所含有的黄金也不过才2~5g。由此可见都市矿山是一座资源非常丰富的宝藏。而这些产品除了含有上述金属外，还含有铟、铬、镍、锑等重要的稀有金属元素。如果我们能够妥善地处理这些金属，就可以有效地改善环境和资源等问题。

Q 003 铁是怎么得来的？

A 从铁矿石中提炼而来。

　　铁蕴藏在"铁矿石"中。铁矿石的主要成分是赤铁矿（Fe_2O_3）、磁铁矿（Fe_3O_4）、褐铁矿（$Fe_2O_3 \cdot nH_2O$）等氧化铁，也就是铁的氧化物。除了氧化铁外，铁矿石中还含有二氧化硅等成分。如果我们想从铁矿石中提炼出铁，只要除掉氧化物中的氧元素即可。化学术语就是还原铁矿石，将铁提炼出来。

　　通常情况下，炼铁厂都是从高炉（熔矿炉）顶端供应铁矿石、焦炭、石灰石等原料，且高炉下方会不断送出高温煤气。铁矿石在下落的过程中与焦炭发生化学反应，焦炭中的碳与铁矿石中的氧结合生成一氧化碳，从而将铁还原出来。由于焦炭的燃烧，炉内温度超过了铁的熔点（约1500℃），因此铁会变成火红色的液体——生铁※而沉积在高炉底部。

　　铁矿石中含有二氧化硅、金属硅酸盐及其他的金属氧化物等矿渣。而在原料中添加入适量的石灰石，就是为了将这些矿渣从熔化的铁中分离出来。

然后我们将液体状态的生铁送到转化炉，去除掉铁里多余的碳素，再根据需求加上一些合金，做出来的就是钢铁。

图 炼铁用高炉

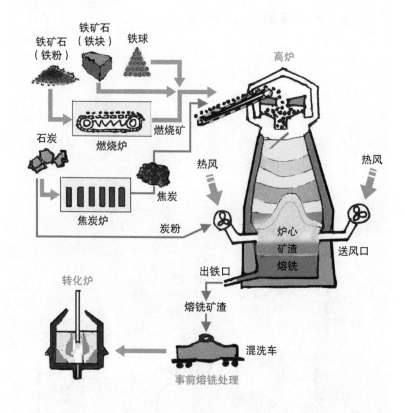

（资料来源：新日本制铁公司《铁的未来的"新故事"》）

※ 此时的铁因为含有多余的碳素，所以称为"生铁"。

Q 004 铝是怎么得来的?

通过电解氧化铝得来的。

　　含有氧化铝的"铝土矿"是铝的主要原材料。铝土矿中除了氧化铝还有氧化铁、二氧化硅等杂质。为了去除这些杂质,首先用氢氧化钠按照拜耳法进行化学处理后提炼出氢氧化铝,接下来煅烧氢氧化铝成氧化铝。

图 拜耳法的流程

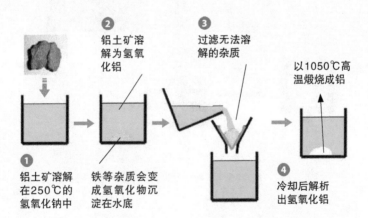

❷ 铝土矿溶解为氢氧化铝

❸ 过滤无法溶解的杂质

以1050℃高温煅烧成铝

❶ 铝土矿溶解在250℃的氢氧化钠中

铁等杂质会变成氢氧化物沉淀在水底

❹ 冷却后解析出氢氧化铝

若要从氧化铝中提炼出铝，则需采用霍尔-埃鲁法对氧化铝进行电解。具体地说，在1000℃的高温下，将冰晶石（Na_3AlF_6）与氟化钠（NaF）溶解，并在溶液中加入5%的氧化铝，再用碳棒将其电解。这时就可以在碳棒的阴极处得到析出的铝。

溶解及电解1t铝需要1500kW·h的电能，这相当于普通家庭3年的用电量，因此铝还有一个称号是"电力罐头"。因此，希望大家能够爱惜铝制品，即使要将它丢弃，也请将它送到回收站。处理回收金属的铝，就不需要高温熔解及电解，只需要使用上述3%的电能即可，可以节省很多电能。

图 **霍尔-埃鲁法**

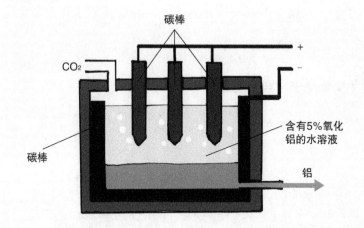

Q
005

金属为什么可以导电？

A

因为金属中含有很多自由电子，它们担负着
输送电流的任务

我们在Q001的回答中曾经提过，金属导电的功臣是自由电子。但是自由电子究竟是什么呢？有自由电子，就有不自由的电子吧？我们将不自由的电子称为"束缚电子"。原子中的电子（负电荷）如图ⓐ所示，因为受到库仑力的控制而在原子核周围运动，只要不对其施加外力，就不会脱离原子核。因此，

图 束缚电子与自由电子

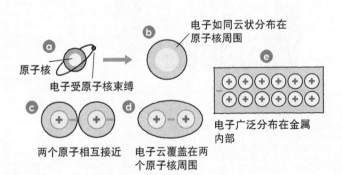

原子内部的电子称为"束缚电子"。

根据量子力学原理，电子的实际分布并不会像ⓐ所示那样，而是如ⓑ一样分布在原子核周围。只要有原子相互接近，电子的分布就会由ⓒ变成ⓓ。

在金属中，原子像ⓔ一样整齐地排列，电子会覆盖到周围的电子。这样带负电荷的电子会占据原子的位置，原子核对电子的库仑力将会减弱，电子则会更加广泛地分布在金属中。

原子核在电子中有规律地排列，称为"金属键"。因此，金属中有许多可以自由移动的电子。钠原子的最外层只有1个电子，但是每立方厘米的钠会有2.5×10^{22}个电子。这便是自由电子。

图 **电池的电流与电子的流动**

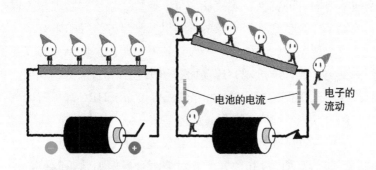

电池的电流

电子的流动

将电池连接到金属的两端，电子会从负电荷方向进入金属后向正电荷方向移动回到电池。只要带负电荷的电子一移动，电流就会向反方向流动。电子就是通过这种方式来导电的

机械的性质❶

Q 006

如何测量金属的硬度？

A 为了量化金属的硬度，可以通过测量硬物被挤压时变形的情况、击打受测物时反弹的程度，或是用标准物质刮刻后的刮痕等来测量金属的硬度。

　　一些关于金属的手册中，记载了金属元素的熔点、密度、弹性模量等物理特性，却没有记载金属的硬度，这是因为硬度并非金属本身固有的特性。硬度和质量、密度、温度等物理量不同，它的测量值会受到被测对象的种类以及测量方法等的影响。

　　为了量化金属的硬度，一般以钻石和硬质金属制成的三角锥刮刻受测金属，通过观察压痕面积和负重的关系来测其硬度。由此产生了维氏硬度法（HV）、洛氏硬度法（HRC）和布氏硬度法（HB）等多种硬度测试方法。

　　下图以维氏硬度法为例来介绍硬度的测试方法。正四棱锥金刚石（相对夹面角136°）压头对被测金属施加试验载荷，使压头陷入被测金属，拔出压头后留下的三角锥形压痕我们称之为"永久压痕"。试验载荷与永久压痕表面积（以对角线长度计算）的比值即为维氏硬度。

　　洛氏硬度法是用金刚石压头或钢球压头，以标准载荷和测验载荷顺次对被测金属加压。当标准载荷再次加压后，根据两种压痕的深度差值换算后得出该金属的硬度。

　　布氏硬度法则是将球形的金属压头，以一定的压力P压入被测金属的表面，保持一定时间后卸除该压力，测量金属的永久压痕面积，并换算出硬度。

　　无论哪种测试方法，都属于破坏性测试，被测材料在测试后都无法回复到原来的状态。

　　而邵氏硬度法（HS）是在不破坏被测材料的基础上来测量硬度。将铁锤从被测材料的上方以一定高度落下，根据其反弹程度来测量硬度。这些测试方法的硬度数值是可以彼此换算的。

　　除此之外，还有被广泛使用的莫氏硬度法（HM）。它以10种物质的硬度作为标准，借由"以某种标准物质刮刻时是否出

图 **维氏硬度测试法**

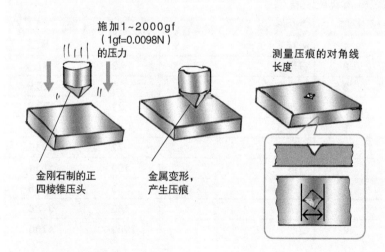

施加1~2000gf
（1gf=0.0098N）
的压力

测量压痕的对角线长度

金刚石制的正四棱锥压头

金属变形，产生压痕

现刮痕"来测量硬度，标准物质及其硬度则如下表。表中记载了绝对硬度和维氏硬度换算公式HM=0.675（HV)$^{1/3}$换算出的维氏硬度。

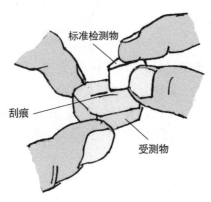

莫氏硬度测定法

表 **莫氏硬度表**

莫氏硬度	标准物质	绝对硬度	维氏硬度
1	滑石	1	4.7
2	石膏	3	37.6
3	方解石	9	126.9
4	萤石	21	300.8
5	磷灰石	48	587.4
6	正长石	72	1015
7	石英	100	1611
8	黄玉	200	2406
9	刚玉	400	3426
10	钻石	1600	4700

机械的性质❷

Q 007 最软和最硬的金属分别是什么？

最软的是碱性金属，最硬的则是过渡金属。但是我们可以借助加工来改变金属的硬度，所以哪一种金属最软或是最硬并不确定。

下表是各种金属的莫氏硬度。由硬度表我们可以看出最软的是碱性金属锂、钠、钾、铷，金、银、铜、铝次之，过渡金属铬、钌、锰、铁、铂最硬。但同样是铁，加入碳后再经过热处理就会变成钢，钢的莫氏硬度则为5~8.5。

 金属的莫氏硬度

金属名称	元素符号	莫氏硬度	金属名称	元素符号	莫氏硬度
铬	Cr	9	铋	Bi	2.5
铱	Ir	6~6.5	锌	Zn	2.5
钌	Ru	6.5	金	Au	2.5~3.0
锰	Mn	5.0	铝	Al	2~2.9
铁	Fe	4~5	镁	Mg	2.0
钯	Pd	4.8	镉	Cd	2.0
铂	Pt	4.3	铟	In	1.2
砷	As	3.5	锂	Li	0.6
锑	Sb	3.0~3.3	钾	K	0.5
银	Ag	2.5~4	钠	Na	0.4
铜	Cu	2.5~3	铷	Rb	0.3

构成结晶的原子表面的滑移难易度是决定金属柔软度的因素之一。当原子的排列有位错时，则较易发生滑移。

铁匠用铁锤击打烧热的铁，是因为打铁可以增加位错密度，当位错原子之间达到最紧密的程度时，硬度就会增加。

小知识 日本刀

将坚硬的皮铁包在柔软的心铁之外，从而形成双重结构的刀体便是日本刀。皮铁是将钢材放入锻造炉加热后击打使其延展，并从中央处回折两次，重复20~30次这样的动作锻造而成。通过这样的锻造，皮铁会增加硬度且不易变形。再将碳浓度较低、回折锻造数次的心铁放在皮铁之上，敲击心铁中央处使其卷曲，再从左右两侧敲击回折，形成双重结构。日本刀因此兼具强度与韧性。

心铁

皮铁

锻造日本刀的名将，可是从自身的经验中学到了丰富的理科知识哦！

机械的性质❸

Q 008 为什么有些金属可以弯曲，有些却不可以呢？

A 一般来说，软的金属容易弯曲，硬的金属则不容易弯曲。

　　下图是以一定的载荷拉伸金属时，表示载荷大小与伸长量关系的曲线图，我们称之为"应力-应变图"。

　　载荷很小时，除去载荷后金属可以回复到原来的长度。到P点前的载荷都与伸长量成比例，超过P点后则不成比例。到E为

图 **金属的应力-应变图**

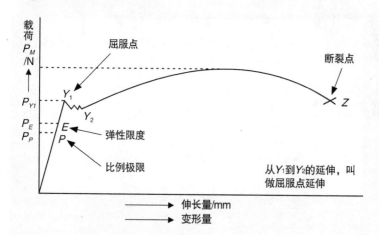

止，除去载荷后，金属都可以回复到原来的长度。当载荷增加到 Y_1 时，无论增加多少载荷，伸长量都不会再增加，这时我们将 Y_1 称为"屈服点"。载荷超过 Y 点时，金属则无法回复到原来的状态，再增加载荷到 Z 点时，金属将会断裂，这种变形称为"塑性变形"。

所谓的容易弯曲，就是指施加外力使金属弯曲后，除去外力金属难以回复到原来的状态的意思。达到屈服点所用的力越小，就越容易产生塑性变形，也就是越容易弯曲。

金属实际的屈服点如下表所示。纯铁（Fe≥99.96%）的屈服点是98MPa，纯铝（Al≥99.85%）的屈服点是15MPa，所以只要施加铁的1/6的外力，就可以使铝弯曲变形。

但即使同样是铁，加入少许碳锻造而成的钢SS400的屈服点，约达到240MPa，是纯铁的2.5倍。如果是反复锻造的钢S45C，所需力量将是纯铁的8倍以上，约为826MPa。由此可见，锻造方法的不同直接会影响到金属弯曲的难易程度。

表 几种金属的屈服点

金属	工业用铝 （Al≥99.85%）	工业用纯铁 （Fe≥99.96%）	钢材 （SS400）	钢材 （S45C）
屈服点所需的压力/MPa	15	98	240	826

图 **硬钢应用在桥梁等处**

使用SS440的桥梁

难以变形的钢材，经常被应用在建筑物和机械零件上哦！

图 **钢材也应用在机械上**

使用S45C锻造的滑轮

Q 009 为什么温度升高，金属弯曲后就不容易回复？

A 因为温度升高后，原子容易滑移，较容易发生塑性变形。

如图**a**所示，金属晶体中的原子，被晶体结构所约束（在此假设原子排列是平面且相互垂直的）。但是只要施加如**b**的箭头方向的外力，原子排列就会随之变形，除掉外力后可以回复到**a**的状态，我们称之为"弹性变形"。

如果施加的外力超过弹性限度就会如**c**所示，原子排列会在记号⊢的位置断裂，从而导致原子的排列不一致，这种情况称为"位错"，⊢为"位错线"。⊢的右侧仿佛插入一把刀，所以称为"刃位错"。如果再施加外力，用红线圈起来的原子列（实际上平面内部也有原子列，所以严格来讲应该是原子面）就会向下方滑动，如**d**变形，且无法再回复到原来的状态，称为"塑性变形"。

在塑性变形的情况下，原子只能在晶体结构中移动。因此必须要给原子足够的能量，才能使其从晶体结构的约束中解放出来。一旦温度上升，原子就会因为受热而振动，这时只要少许能量，也可以使原子移动，甚至会产生塑性变形。所谓的"趁热打铁"也是这个道理。

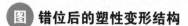 错位后的塑性变形结构

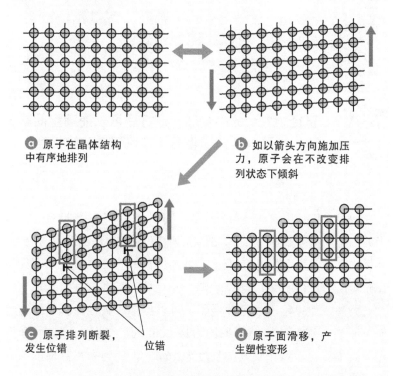

ⓐ 原子在晶体结构
中有序地排列

ⓑ 如以箭头方向施加压
力，原子会在不改变排
列状态下倾斜

ⓒ 原子排列断裂，
发生位错　　　　位错

ⓓ 原子面滑移，产
生塑性变形

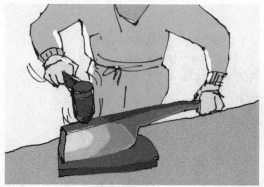

打铁要趁
热哦！

延展性

Q
010

敲打直径为1cm的小金球，可以延展到多大面积？可以拉伸到多长？

A

直径为1cm的小金球，敲打后可以铺满整间教室。也可以拉伸到相当于东京到横滨的长度。

如果我们使用打箔机敲打金子，可以使其厚度达到0.1μm（微米）。金的密度是19.3g/cm³，1g金的体积是0.051 81cm³，根据公式换算出金箔的表面积是5181cm²，约为榻榻米的1/3。因此，直径为1cm的小金球（约10g）能够铺满整间小学教室（约50m²）。

另外，如果用引线拉伸金子，可以拉伸成直径为5μm的细丝而不断裂。细丝的横截面积约为19.6cm²的一亿分之一，同理根据公式换算可以得出细丝的长度为2.64km，约为东京到横滨的直线距离。

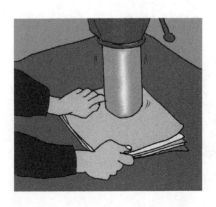

将金块裁切成合适的尺寸，并夹在打箔纸中，用打箔机敲打，使其延展成金箔

Q 011 为什么陶瓷一敲就碎，但金子无论怎么敲打也只是会延展?

因为陶瓷和金属的原子结合方式不同。

陶瓷原子之间的结合力，是共价键和离子键共同作用的结果。共价键是化学键的一种，两个或多个原子共同使用它们的外层电子，在理想情况下达到电子饱和的状态，由此组成比较稳定的化学结构叫做共价键；离子键，也是化学键的一种，通过两个或多个原子或化学基团失去或获得电子而成为离子后形成。它是阳离子和阴离子之间由于静电作用所形成的化学键，一旦被破坏就无法回复※。

而金属分子依靠金属键结合，以自由电子作媒介结合原子。因其结合不具有方向性，即使打击后原子核的位置偏离，其结合也不会受到破坏。

图 **金属键即使受到外力冲击，原子也只是会位移**

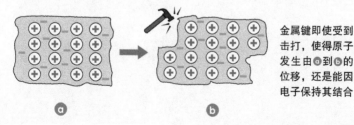

金属键即使受到击打，使得原子发生由ⓐ到ⓑ的位移，还是能因电子保持其结合

※ 陶瓷易碎不仅仅是因为这个原因。与金属相比，晶粒间界较易被破坏，这是陶瓷易碎的另一原因。

热传导

为什么金属易于导热?

因为金属中的自由电子可以传递热能。

假设将一根金属棒的一端以高温加热，另一端以低温冷冻，热能就会由高温处传到低温处，我们称这种现象为**热传导**。热导率k被定义为："温差为1mK时，1s所流动的能量。"

热传导有以下两种形式。

一种是依靠物质的分子、原子或电子的移动和（或）振动来传递热量。钻石就是利用这种方式导热，它是现存物质中导热性最好的物质。

另一种形式则是自由电子接受动能后具有高能量，得到动能的电子会被迫流向低温处而将热能传导过去。金属可以同时借助自由电子和原子的振动导热，钻石是绝缘体，没有自由电子，因此只能依靠原子振动来导热。

表 **各种物质的热导率**（20℃）

物质	$k/[W/(m \cdot K)]$
钻石	900~2000
银	427
铜	398
金	315
铝	237
铍	200
铁	80
铂	71
铅	35

图 **热传导的原理**

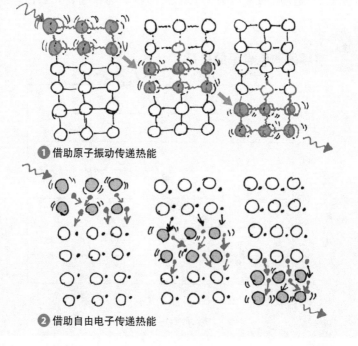

❶ 借助原子振动传递热能

❷ 借助自由电子传递热能

Q
013
什么样的金属易于导热呢?

像银和铜这样易于导电的金属,通常也都易于导热。

金属主要是借助自由电子传递热能,所以善于导电的金属一般也都善于导热。下图是各种金属的热导率和电导率的关系,横轴表示热导率,纵轴表示电导率。由下图我们得知,作为货币金属而被使用的金、银、铜都拥有良好的导电、导热性。

图 热导率和电导率的关系

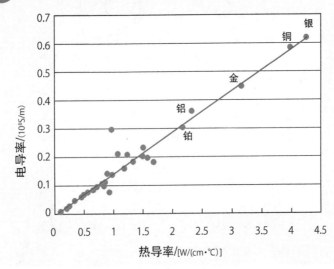

为什么有的金属难于冷却，有的却易于冷却呢?

014

 因为金属的比热容不同。

　　表示物质是否容易加热的数值叫做比热容。像黄金这种比热容小的金属，易于加热也易于冷却。相反，像铁这种比热容大的金属，就难以加热也难以冷却。比热容C是指单位质量（m）的物质升高温度（ΔT）所需要的热量（Q）。

$$C = \frac{Q}{\Delta T \cdot m}$$

此式中，热量Q的单位为焦耳（J）温度ΔT的单位为开尔文（K），质量m的单位为kg。

　　室温下金的比热容是128J/(kg•K)，铁的比热容是448J/(kg•K)。铁难以加热或冷却的程度约是金的3.5倍。以物质的量来计算比热容，金和铁都约为25J/(mol•K)，差异很小，但这是因为金的相对原子质量（196.967g/mol）是铁的相对原子质量（55.845g/mol）的4倍的缘故。

　　此外，随着温度变化而引起的比热容变化，也会因为金属的不同而不同。以330℃加热时为例，金的摩尔比热容只有27J/(kg•K)，铁却有32J/(kg•K)，这是因为铁的自由电子更难滑动。

热膨胀

Q
015

到了夏天，电车会因为铁轨的热膨胀停运。那么金属的热膨胀比非金属大吗？

A

无法断言金属的热膨胀一定比非金属大。

下表记载了各种物质的线性膨胀率，左侧是金属，右侧是非金属，单位为ppm/℃※。每上升1℃，铁只会膨胀$1.18×10^{-5}$倍。也就是说1km的轨道上升1℃后膨胀11.8mm。到了夏天，温度上升20℃时，就会膨胀23.6cm。如果是1km的玻璃棒，温度上升20℃时也会膨胀16~18cm。因此，无法断言金属的热膨胀一定比非金属大。热膨胀并非是自由电子作用的结果，而是由原子的热振动所引起。

表 **各种物质的线性膨胀率(20℃)**

金属	线性膨胀率	非金属	线性膨胀率
钾	85	氯化钠	40.4
铝	30.2	氟化钙	18
金	14.2	玻璃	8~9
铁	11.8	硅	2.6
钛	8.6	钻石	1
铬	4.9	熔融石英	0.4~0.55

※ ppm/℃=10^{-6}℃$^{-1}$

Q 存在温度上升体积反而会缩小的物质吗？

016

A 钨酸锆就是温度上升体积反而会缩小的物质。

钨酸锆（ZrW_2O_8）具有负热膨胀率的性质，温度每上升1℃会缩小百万分之九到百万分之十一，因此非常适合用来作为温度补偿的物质使用在光学零部件上。

近年来，还发现了其他一些温度上升却会缩小的物质。如图所示，2005年日本理化学研究所发现，具有反钙钛矿结构的氮化锰Mn_3XN（X=Zn，Ga）材料中，把其中的X原子换成锗（Ge）后，该物质由原来的温度每上升1℃缩小百万分之三提高到百万分之二十五。

图 氮化锰的晶体

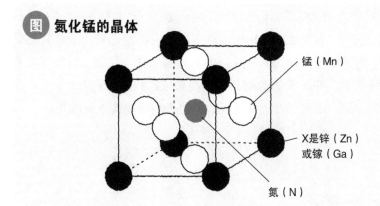

锰（Mn）

X是锌（Zn）或镓（Ga）

氮（N）

Q 017 存在温度上升也不会膨胀的物质吗?

A 不变钢就是一种几乎不会产生热膨胀的物质。

像光学仪器等需要0.001mm以下精度的计测设备，温度上升而导致的长度变化对仪器会产生较大影响。因此对受热也不会膨胀的金属或合金的需求就显得格外明显，而不变钢的诞生解决了这一难题。在20~100℃的范围内，不变钢的膨胀系数是1.2μm/℃※。而钴含量在0.1%以下的纯度特别高的不变钢，线膨胀系数仅维持在0.62~0.65μm/℃这一非常小的范围内。

1897年，瑞士物理学家夏尔·爱德华·纪尧姆首先发现不变钢。它是一种镍铁合金，镍占36%，铁占63.8%，碳占0.2%。不变刚的英文名Invar是由"Invariant"而来，是不变的意思。右图是一块高级怀表的内部结构图。这块怀表被称为"Invar balance"，于1922~1926年制作而成，内部机芯使用的就是不变钢。右下图是液化天然气（LNG）导管的样子。通常情况下，为了降低热膨胀带来的影响，管道会做成U形。如果是加入了不变钢的管道，则可以做成直筒形，更便于顺利地输送天然气。

※ μ表示百万分之一。

图 不变钢应用在高级手表中

Elgin公司制作的"Invar balance"

图 不变钢应用在液化天然气管道中

通常情况下，为了降低热膨胀带来的影响，管道会做成U形

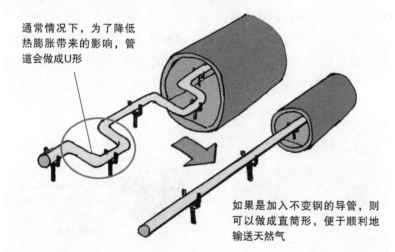

如果是加入不变钢的导管，则可以做成直筒形，便于顺利地输送天然气

金属生锈

Q 018

金属为什么会生锈?

A 所谓的生锈,是指金属与空气中的氧气和水发生化学反应,变成氧化物或是氢氧化物。与金属本身相比,其氧化物或氢氧化物的化学性质更加稳定。

　　自然界中,只有极少数金属可以保持其原有状态存在,大部分都是以氧化物或硫化物的形式存在。这是因为氧化物和硫化物的化学性质更加稳定。

　　将铁放置在空气中,因为生锈,其表面变成棕红色和黑色。红锈是氢氧化铁$[Fe(OH)_3]$或三氧化二铁(Fe_2O_3)。而黑锈则是四氧化三铁(Fe_3O_4),它的化学性质非常稳定。当铁的表面形成四氧化三铁的保护膜后,就会有效地防止铁进一步生锈。因此,它作为防锈剂而被广泛使用,是一种有意义的锈。

图 **各种锈**

氢氧化铁

三氧化二铁

南部铁器(日本岩手县的著名特产)的器身呈黑色,是因为其表面形成了四氧化三铁的保护膜

● 小专栏

暖宝宝利用"生锈"原理发热

我们知道，铁粉生锈（被氧化）的过程会释放反应热。而使用简便的暖宝宝就是利用这一原理制成。它将细的铁粉、密封的水、粉状食盐以及活性炭放在无纺布做成的袋子里，再把无纺布密封在塑料袋中。只要袋子内不进入空气，铁粉就不会生锈。拆开袋子后轻轻摇晃布袋，使袋中的铁粉和水、空气发生化学反应，铁会因为生锈而产生反应热，因此我们会觉得暖暖的。

使用细铁粉是因其表面积大，较易发生化学反应，可以迅速产生热能；加入食盐是为了铁粉尽快氧化；而加入活性炭则是为了吸收密封塑胶袋中多余的空气，同时在拆开塑胶袋后也可以吸收更多的空气与铁粉发生化学反应。

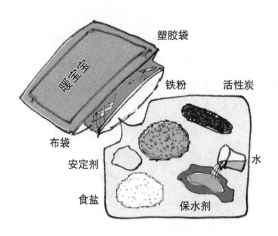

（以上内容参考日本博物馆协会首页）

Q
019

不会生锈的金属与会生锈的金属有什么
区别？

A 金和铂金若变成氧化物需要一定的能量，所
以室温下它们会保持原有的状态而不会生
锈。而铝和钛会在表面形成一层薄薄的氧化
物薄膜，不会再继续氧化也不易生锈。

我们从化学角度来分析，以电离倾向※来判断生锈的难易程
度。因为绝大部分情况都是以水为媒介来产生锈。电离倾向如下：

K>Ca>Na>Mg>Al>Zn>Fe>Ni>Sn>Pb>(H)>Cu>Hg>Ag>Pt>Au

难以电离的金（Au）、铂（Pt）属于不易生锈的金属。而电
离倾向大的钾（K）、钙（Ca）放在空气中就会被氧化，所以在
自然界中无法以纯金属状态存在。电离倾向居中的金属，即使表
面生锈，也不会锈到内部。

另一种方法是看其单体金属变成氧化物所需要的能量（也就
是"生成热"），来判断该金属是否容易生锈。如下表所示，绝
大多数金属的生成热都是负数，也就意味着氧化后比较稳定。表
的最上端，氧化金的生成热是正数，因此，单体金的化学性质比
其氧化物更为稳定。

※ 以金属容易电离倾向来排列。

表 各种金属氧化物的生成热

金属	氧化物	生成热/(kcal/mol)	金属	酸化物	生成热/(kcal/mol)
金	Au_2O_5	+9	锌	ZnO	−348.0
银	Ag_2O	−30.6	锰	MnO	−384.9
钯	PdO	−85	钡	BaO	−558.1
汞	HgO	−90.7	镁	MgO	−601.8
铜	CuO	−155.2	钙	CaO	−635.5
钴	CoO	−239.3	铁	Fe_2O_3	−822.2
铅	PbO	−276.6	铬	Cr_2O_3	−1128.4
锡	SnO	−286.2	铝	Al_2O_3	−1669.8

图 铁生锈的实际过程

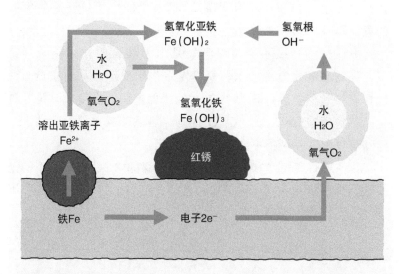

铁接触水后会变成亚铁离子溶出，此时水中也存在着多余的带负电的OH^-。OH^-和Fe^{2+}反应后变成氢氧化亚铁，再与水和氧气反应生成氢氧化铁而从溶液中析出

不锈钢

Q 020 尽管厨房水槽使用的不锈钢是由铁制成的，但为什么不会生锈呢？

A 不锈钢的主要成分是铁和铬等金属元素的合金，因为有铬的存在所以不会生锈。

　　不锈钢的英文是"stainless steel"，意为不会生锈的金属，它是含铬11%以上的铬铁合金。根据铬的含量，不锈钢可分为几种。厨房水槽通常使用含铬18%、镍8%的"SUS304"型号的奥氏体不锈钢。通常也被称为"18-8不锈钢"。

　　不锈钢为什么不会生锈呢？是因为其表面如果接触到空气，铬就会和空气中的水、氧气发生化学反应，从而在表面形成含有铬的保护膜，称为"钝化"。保护膜的主要成分是三氧化二铬，还有$MnCr_2O_4$、$Cr(OH)_3$等。虽然其膜厚仅为几纳米，但却可以保证不锈钢不会被进一步氧化。

　　其他还有应用在家电制品上的不含镍的"SUS430"不锈钢（铁素体不锈钢）；可以锻造刀具的含铬13%的"SUS410"不锈钢（马氏体钢）等。

图 **不锈钢的种类**

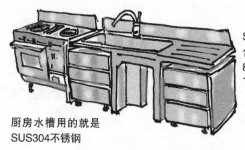

SUS304奥氏体不锈钢，含有18%~20%的铬，8%~19.5%的镍，2%以下的锰。

厨房水槽用的就是
SUS304不锈钢

SUS201 奥氏体不锈钢，含有16%~18%的铬、3.5%~5.5%的镍、5.5%~7.5%的锰。

JR东日本211系列电车就是用SUS201不锈钢制成

电饭煲使用SUS430不
锈钢，含16%~18%的铬

菜刀使用SUS410不锈钢，
含11.5%~13.5%的铬

金属的反射

金属为什么容易反射光线？

021

自由电子会借助光的电磁波运动，从而阻止光线进入金属内部。

　　金属内部有很多自由电子。光和收音机、电视机的电波一样，都是电磁波，它通过电场和磁场的相互作用而传播。当光的电场到达金属表面时，由于其内部自由电子的作用，界面会像图ⓐ箭头的电场和图ⓑ箭头的电场一样交互变换。

　　自由电子带负电荷，随着电场的振动被引向电场的正极，在ⓐ和ⓑ的状态之间来回反复。这样负电荷就会集中在电场的正极（图中灰色处），从而消除金属内部的光电场。也就是说，投射的光线无法进入到金属内部而被反射回去，这便是金属可以反射光线的原因。

　　相比之下，绝缘体没有可以随着电场振动的自由电子，所以光线可以进入内部。例如，绝缘体中的石英玻璃对600nm的橙色光线反射率不超过3.5%。而单纯的半导体几乎没有自由电子，光线也可以进入其内部。又如，硅（Si）可以反射36%以上波长为600nm的红光，对于300nm的紫外线也能够反射63%。因此，被打磨过的硅可以像金属一样发光。

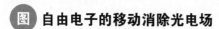

图 自由电子的移动消除光电场

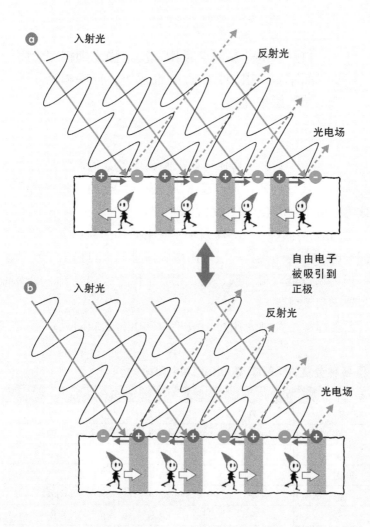

Q 022　存在不会反光的金属吗?

打磨过的金属都会反射,反射强度则根据金属而不同,银和铝的反射性超好,但铁和钨几乎无法反射光线。

"反射率"是表示物质反射光线强度的数值,它是反射光线与入射光线强度的比值,通常用%表示。光的波长和光线对物体的投射角度均会影响物质的反射率。

像Q021的回答一样,金属易于反射是因为自由电子在光电场间来回作用的结果。一般电阻率大的金属,自由电子难以移动,反射率就会较低。铁、钨、钼等电阻率大的金属,就表现出了较低的反射率。

下表列举了几种金属对于波长为600nm光线的反射率和其

表　各种金属的反射率(600nm)和电阻率

金属名称	元素符号	反射率/%	电阻率/(μΩ·cm)
银	Ag	98.1	1.61
铜	Cu	93.3	1.70
金	Au	91.9	2.20
铝	Al	91.1	2.74
铂	Pt	65.4	10.4
铁	Fe	64.6	9.8
钼	Mo	56.5	5.3
钨	Wu	50.6	5.3

电阻率，虽然顺序稍微有些不一致，但大体来看电阻率较大的
金属就是不容易反射光线。

图 **电阻率越小越发亮**

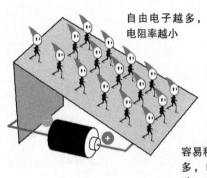

自由电子越多，
电阻率越小

容易移动的自由电子越
多，电流就越容易流
动，光的电场也越容易
附着，反射率也越高

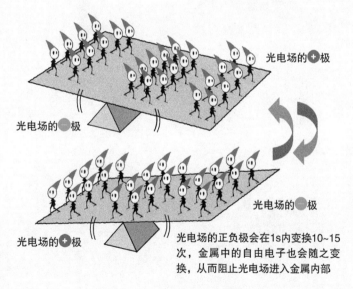

光电场的➕极

光电场的➖极

光电场的➖极

光电场的➕极

光电场的正负极会在1s内变换10~15
次，金属中的自由电子也会随之变
换，从而阻止光电场进入金属内部

Magnetism

第 3 章

磁性的奥秘

我们经常用磁铁将便笺条贴在黑板或冰箱上。
同时，磁铁也被用在计算机硬盘上。
磁铁充满了许许多多的奥妙。
本章将回答各种有关磁现象的问题。

Q 001

磁铁磁力的来源是什么?

A 磁铁磁力的来源是电子的环电流和电子的自旋。

● 磁力来源是电流

如 ⓐ 所示,电流经过电线时,电线的周围就会产生磁场。代表磁场强度的"场线",由图中的虚线表示。场线是以电流为圆心的同心圆状。磁场的大小 H 和电流 I 成正比,与电线中心处的距离 r_0 成反比。

如 ⓑ 所示,将电线变成圆圈状,再让电流通过。就会产生一个与圆圈面垂直、与电流强度成正比的磁场,这就是著名的"安培定律"。1A(安培)的电流通过半径为0.5m的电线圆圈时,中心处的磁场是1A/m。

图 电流产生磁场

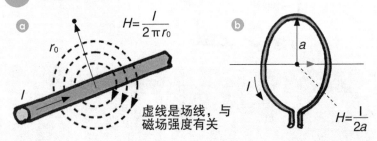

ⓐ $H=\dfrac{I}{2\pi r_0}$

r_0

I

虚线是场线,与磁场强度有关

ⓑ a

I

$H=\dfrac{I}{2a}$

●假设把磁铁分割成N段……

如果把柱状的磁铁切成两段，就会如ⓒ所示。不管分割成几段，两端都会成为N极和S极相对。如果是电极，无论正负极都可以单独存在，而磁场的N极和S极就无法单独存在，它们一定是成对存在的。

在原子方面，如ⓓ所示，电子会围绕在原子核周围旋转，等同于在原子核的周围形成环电流。按照安培定律，原子核的周围会出现磁场。

但如果仅依靠电子的环绕运动，还是无法解释磁铁的磁力来源。在这里，我们要提到"电子的自旋"。电子会像ⓔ的陀螺一样自转，称之为"自旋"，如同环绕运动一般产生磁力。

原子磁铁的磁力，可以借助电子的环绕运动（公转）和自转两种原理来说明。钕磁铁的磁力是借助钕原子的电子环绕运动和自旋，以及铁原子中的电子自旋而产生。

图 磁力的来源是电子的公转和自转

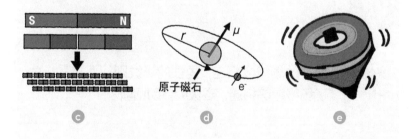

Q 002 磁极只有N极和S极吗？存在只有N极或S极的磁铁吗？

磁极只有N极和S极，N极和S极永远成对出现，没有单独存在N极或S极的磁铁。

人类很久以前就有过寻找单磁极磁铁的研究，但迄今为止尚未发现，磁极永远都是成对出现。因为磁矩由公转电子和自转电子产生，N极和S极成对出现被认为是基本单位。

Q 003 为什么N极和S极同性相斥，异性相吸？

异性的场线会相连，同性的场线则相互排斥。为了场线能够相连，磁极会自动回转。

磁铁的磁极会发射出场线，分布到空中。如果在磁铁的附近放置另一个磁铁，异性的场线就会相连，而同性的场线则会相斥。为了场线能够相连，磁极会产生阻抗而自动回转。

图 **两个磁铁之间的作用力**

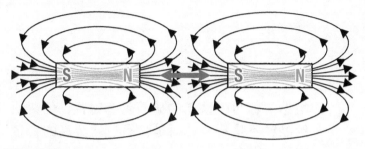

异性场线相吸

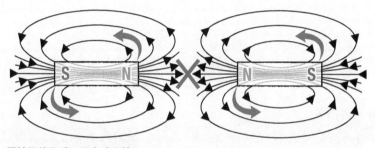

同性场线相斥，而自动回转

● 小专栏

马达就是利用了两个磁铁间的作用力

马达由转子和定子两部分组成。转子是利用磁铁，而定子是利用线圈（电磁铁）。只要控制转子与线圈相吸相斥的力量，就能使转子旋转。

磁 铁

磁铁是石头做的吗?

004

虽然被称为磁铁矿的矿石带有磁性,但普通的磁铁不是石头,而是含有过渡金属的合金和其氧化物。

天然矿物中,有一种带磁性的矿物,称为磁铁矿(magnetite,化学式为Fe_3O_4),但磁铁矿却无法当作磁铁使用。

市面上销售的磁铁是含有铁和钴等过渡金属的合金以及铁的氧化物等。

下图表示各种磁铁强度(所蓄积能量的大小)变化的曲线图。最早被人们利用的磁铁是本多光太郎博士发明的KS磁铁,它由铁合金铸造而成。之后,出现了加藤与五郎和武井武两位博士发明的铁酸盐磁铁。20世纪70年代初期,出现了稀土之一的钐(Sm)和过渡金属钴(Co)的合金磁铁($SmCo_5$、Sm_2Co_7),从而开启了稀土金属磁铁时代的序幕。1984年,佐川真人博士发明了钕磁铁。钕的存量比钐更丰富,价格也更便宜,因此钕磁铁成为当今的主流。

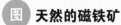 **天然的磁铁矿**

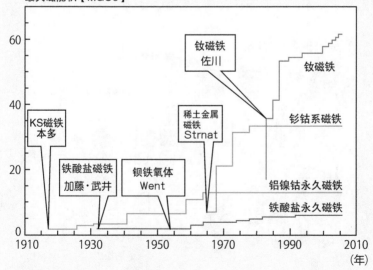

图 **磁铁特性的变迁**

通常以磁铁释放出的磁力大小（最大磁能积）作为表示磁铁强度的指标。钕磁铁（Nd-Fe-B）比起初期的KS钢强了近10倍

Q 磁铁是怎样做成的?

005

A 以前使用的是铸造磁铁,现在使用的则是将原料粉碎成粉末后在磁场中加压形成的"烧结磁铁",还有混合了塑胶后加压成形的"黏结磁铁"。

磁石有两种:一种是将原料粉碎成粉末后以高温烧结而成的"烧结磁铁";另外一种是将磁性粉末混合塑胶后加压制成的"黏结磁铁"。

如图所示,将原料熔化后倒入铸型模腔中做成铸物,并将其粉碎成粉末后,在高压磁场下烧结而出的就是烧结磁铁。如果将塑胶混入粉末后再加压制成的就是黏结磁铁。

图 磁铁的制作方法

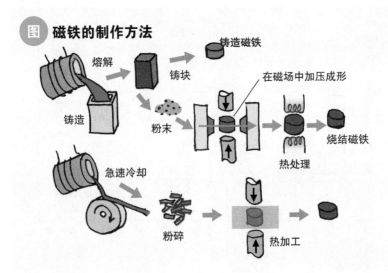

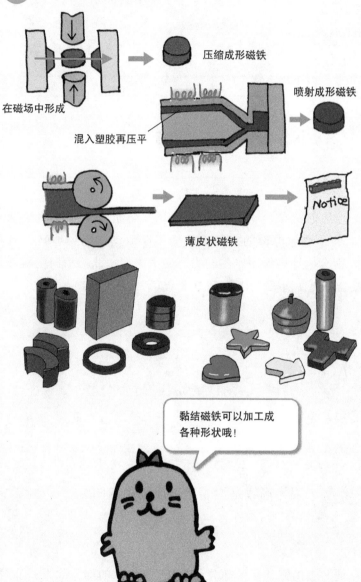

图 黏结磁铁的制作过程

压缩成形磁铁

在磁场中形成

喷射成形磁铁

混入塑胶再压平

薄皮状磁铁

黏结磁铁可以加工成
各种形状哦！

地 磁

Q 006 为什么S极在北极，N极在南极的磁力特别强？

A 因为地球内部有地电流。

地磁起源最有力的说法是地球发电机理论。根据这项理论，位于地球内部的高温地幔会不断流动，如果地幔带有电荷，就会因地电流而产生磁力。磁力方向由北极指向南极，且N极会出现在南极，S极出现在北极。

Q 007 为什么指南针的磁极是南北指向？

A 因为场线是沿着地球表面由南向北。

通常指南针朝北的部分称为N极，朝南的部分称为S极。如图所示，从位于南极附近的地磁N极发出的场线，会沿着地球的子午线向北发射，被位于北极附近的地磁S极吸收。因为磁针和场线是平行的，所以指南针的磁极也是南北向。

图 **地磁的产生原理**

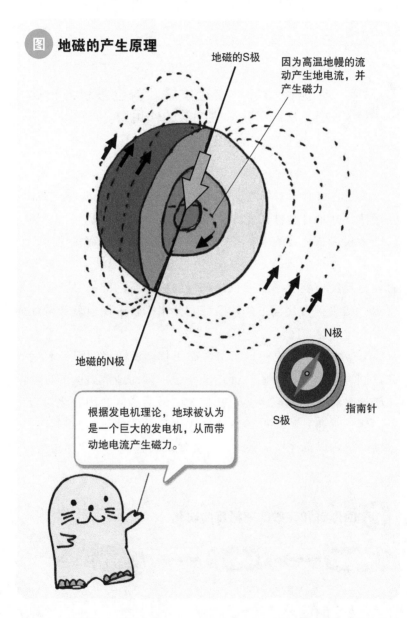

地磁的S极

因为高温地幔的流动产生地电流，并产生磁力

地磁的N极

N极

指南针

S极

根据发电机理论，地球被认为是一个巨大的发电机，从而带动地电流产生磁力。

Q **008** 为什么回形针可以被磁铁吸住？

A 因为回形针一接近磁铁，就会被引发出磁极，从而产生异性相吸的作用力。

　　铁制的回形针本身是没有磁性的，但如果把磁铁的N极靠近回形针，回形针会被引发磁化作用，形成S→N的场线。要说明这一效果，首先要有"磁区"的概念。铁本身是有磁性的，一旦它的一端形成磁极，磁极所发出的磁力线会以一定方向（与磁化相反的方向）贯穿磁铁内部，静磁能会因此提高而变得不安定。如果把磁化同方向的区域划分出来，静磁能就会降低而变得安定，这一区域就是"磁区"。

　　图ⓐ是回形针的初始状态，如果像ⓑ那样将回形针靠近磁铁，回形针感受到的磁场会逐渐变强，因而造成磁区的移动。与磁场平行方向的磁区会不断扩大，最后磁区会因磁化而转为单磁区（如ⓒ）。回形针整体被磁化后，即使再让回形针远离磁铁，也难以形成逆向磁区，它会像永久磁铁一样带有磁性。

图 **回形针和磁铁的磁极反向磁化**

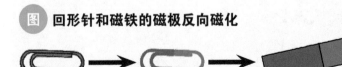

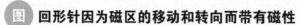

图 回形针因为磁区的移动和转向而带有磁性

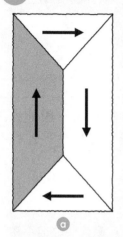 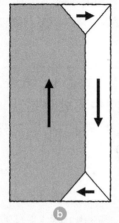 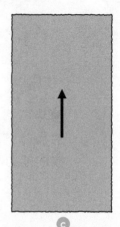

ⓐ 因为划分出磁区，所以整体来看不具有磁性
ⓑ 磁场加强会造成磁区移动
ⓒ 最后回形针整体均带有同方向的磁性（磁性饱和）

图 磁性迟滞曲线

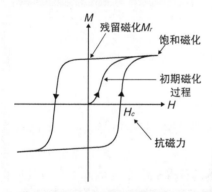

硬盘内部

对磁体施加磁场H时，相对于磁场H，表示磁体所带的磁性强度M的图表称为"磁性迟滞曲线"。磁性饱和后，即使磁场归零，磁场也会残留下来。计算机硬盘就是根据这一原理来存储资料

不锈钢的磁性

为什么不锈钢无法吸住磁铁?

Q 009

A 虽然不锈钢主要成分是铁，但它与一般的铁的晶体结构不同，所以失去了磁性（吸住磁铁的能力）。

　　不锈钢中，奥氏体钢SUS304是无法吸住磁铁的。但不锈钢当中还有马氏体钢（SUS410）和费氏体钢（SUS430）等，它们和铁一样具有能够吸住磁铁的性质（强磁性）。为什么SUS304没有磁铁性呢？

　　普通的铁均是强磁体。所谓的强磁体，是指那种即使不在其外部施加磁场，也会因原子磁石的相互靠拢而使整体带有磁性的物质。然而，即使都是铁原子所构成的物质，只要原子排列的方法（晶体构造）不同，就会影响其整体是否带有磁性。

　　普通铁（α铁）的原子排列形式如图ⓐ所示，原子位于立方体的8个角和中心的"体心立方体结构"（马氏体结构）。具有同样结构的还有费氏体不锈钢。加热后急速冷却的情况下，有的会像图ⓑ一样直向伸展，变成体心正方体结构。以上这些都是带有磁性的体心结构。

　　稳定的不锈钢结构，则像图ⓒ所示，原子是位于立方体的8个角和各个面的中心处的"面心立方体结构"，这就是"奥氏体钢"。此外，也有像图ⓓ一样，原子位于正方体的8个角和各个面的中心处，称为"面心正方体结构"。像图ⓒ、ⓓ这种面心结构则不带有磁性。

这时，我们会产生疑问，为什么原子的排列方式会决定其是否带有磁性呢？秘密就在于原子间的距离。我们用图ⓐ和图ⓒ做比较，假设立方体的边长为a，那么相对于ⓐ图中最近的原子距离$d=\sqrt{3}a/2=0.87a$，ⓒ图中最近的原子距离却只要$d=\sqrt{2}a/2=0.71a$。原子磁石彼此间的吸引力会因距离的变化而变化。只有在适当的距离下才会彼此吸引，所以ⓐ有磁性而ⓒ没有。

图 **晶体结构和相邻原子间的距离**

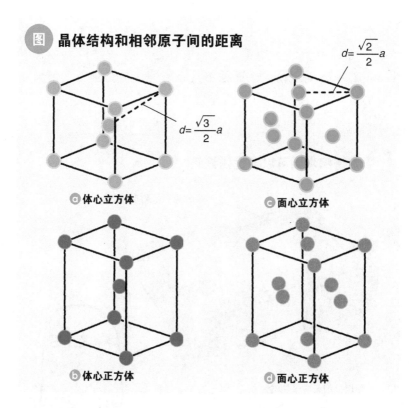

ⓐ 体心立方体　　　ⓒ 面心立方体

ⓑ 体心正方体　　　ⓓ 面心正方体

为什么水槽只有转角处可以吸住磁铁?

A 因为水槽的转角处经过加工后，该位置的晶体结构发生改变。

　　不锈钢在加热弯曲时，它的晶体结构会发生改变。原本是面心立方体结构的不锈钢，会变成体心立方体结构而具有磁性。虽然不锈钢水槽的平面处不具有磁性，但是转角处因为加热变形后，其晶体结构发生改变而具有磁性。

图 **不锈钢水槽可以吸住磁铁吗?**

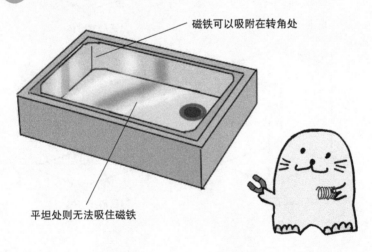

磁铁可以吸附在转角处

平坦处则无法吸住磁铁

Light & Color

第 4 章

光线和色彩的奥秘

光线和色彩充满了许许多多的奥秘，
了解这些奥妙之处，
可以提高自己在物理方面的理科常识哦！

Q 001 光是由什么形成的？光的成分是什么？

光没有质量，所以光不是"物质"而是一种
"电磁波"，因此光没有任何构成成分。

　　光和收音机、电视机的电波一样，属于那种在真空中也可以传播的电磁波，因此它没有任何构成成分。并且光还具有电磁波的性质，这一点可以通过如下实验来证明。取一块挡板，在上面刻出两条平行的狭缝，当光线通过狭缝后会在后面形成干涉条纹。

　　过去人们认为，光是借助一种叫做"以太"的假想物质作为媒介来传递的光波。迈克尔逊和莫雷认为："如果以太存在，那么与地球自转同向和反向的两种光速肯定不同。"之后他们使用迈克耳孙干涉仪（图）试图来证明这一观点，却无法发现光速的差距，因而也无法证明以太的存在。

　　爱因斯坦也尝试以相对论来说明这项实验结果。在相对论中，时间和空间都不是绝对的，只有光速是绝对的。如果物体运动的速度与光速接近时，从观察者来看，物体的长度会发生短缩，称之为"长度收缩"。伴随着这一现象，时间的流逝也会变缓。也就是说，光通过引起时间和空间的变化，形成等同在真空中行进的效果。

　　此外，爱因斯坦还做了一项实验，将光投射到放置在真空中的金属表面，金属会发生光电效应。从实验中发现，光的本质是称为光子的量子，所以其能量无法取得连续的数值，而是跳动的数值。

我们从20世纪的物理学可以知道，"光是由粒子构成，同时具有波动的性质"。

图 **迈克尔逊干涉仪**

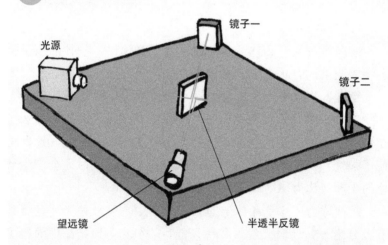

光源

镜子一

镜子二

望远镜

半透半反镜

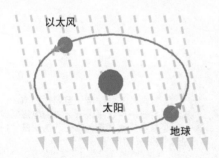

以太风

太阳

地球

假设以太风存在，光线在镜子一和镜子二的路径行进时会因为时间差而产生干涉现象，而风向会因为地球的公转每半年改变一次，因此干涉现象也会随之改变。可由实验结果得知，干涉现象并未发生

存在比光更快的物质吗?

真空中，没有比光更快的东西。但在物质中光会变慢，有时还不及粒子的速度。

　　根据相对论，物体运动的速度接近光速时，物体的质量就会慢慢变重，因此无法超越光速。

　　光进入物质中速度就会变慢，而折射率则是衡量光速变慢多少的物理量。例如，光在20℃的水中折射率是1.33，那么光在水中行进的速度就是真空中光速的1/1.33。如果使用加速器将粒子加速，粒子的速度可以超过水中的光速。此时还会产生蓝色的光辉（称为切伦科夫辐射）。

　　在被称为"光子晶体"的人工结晶中，可以使光速延缓到五万分之一，此时光线每秒钟只能行进6km，比结晶中的电子还要慢一些。

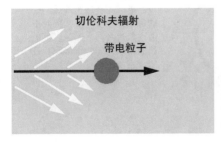

切伦科夫辐射

带电粒子

带电粒子的速度一旦超过光速，就会发出一种以短波长为主的电磁辐射，其特征便是蓝色辉光。这就是"切伦科夫辐射"
铀和铈遇水后发出的蓝光就是这个现象

Q 003 为什么晒太阳就会感觉暖和呢?

A 如果衣服接触到光线,布纤维分子就会吸收太阳光,被吸收的光能会使分子振动,从而转换为热能。

太阳光在1s内对面积为1m²的土地投射的能量约为1kJ,能量密度约为1kW/m²。波长与波所携带的能量的关系,可以从下面的光谱分布图中看到。衣服的布纤维吸收了可见光后,❶得到光能的纤维分子中的电子就会处于高能量状态(激发态),❷被激发的电子释放能量后又会恢复到原来的状态,此时纤维分子接收到能量会产生振动,❸分子振动的动能便会转化为"热能",因此我们会感觉暖和。

图 **太阳光能量密度的光谱分布图**

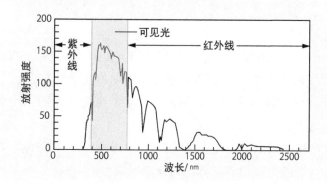

从图中可以看出，除了可见光外，太阳光还含有大量的红外线。纤维分子吸收红外线后就会引起分子振动转为热能。因此，吸收的光线几乎都会转为热能。

Q 004 彩色电视机和计算机只要红、绿、蓝三原色就可以显示所有颜色？

A 人的眼球中有一种视觉细胞，可以辨别红、绿、蓝三种颜色，因此人可以识别可见光的所有颜色。

图❶是人的视网膜剖面图。视网膜细胞有两种：一种是柱状的视杆细胞；另一种是圆锥状的视锥细胞。

视杆细胞的感光度很高，可以感受到月光程度的微弱光线，它主要在晚上起作用；而视锥细胞又分为可以感知红色的细胞、感知绿色的细胞和感知蓝色的细胞三种。我们借助这三种细胞发出的信号强度差异，就可以感知到各种颜色，它们主要在白天起作用。

图❷是三种视锥细胞的分光感度曲线。视锥 β 和视锥 γ 的光谱分别对应蓝色和绿色的顶点，视锥 ρ 则对应橙黄色的顶点，而非红色。红色被认为是受 γ 和 ρ 的刺激，在脑神经的信号处理下辨识出来的。

彩色电视的三原色，是在第104页专栏中所示的 XYZ 色系表中、为了尽可能表现出多种颜色而选出的颜色。

图1 视网膜的细胞结构

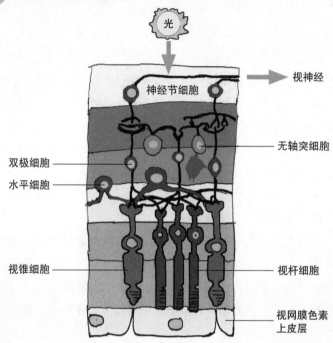

光

视神经

神经节细胞

无轴突细胞

双极细胞

水平细胞

视锥细胞

视杆细胞

视网膜色素
上皮层

图2 三种视锥细胞的分光感度曲线

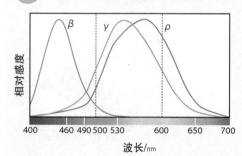

三种视锥细胞具有β、
γ、ρ所对应的感光度光
谱，且它们对应着蓝色B、
绿色G、红色R的感度
曲线。

参考"XYZ等色函数曲线"和CIE色度图

我们使用如下图所示的"*XYZ等色函数曲线*",来进一步说明色彩对于眼睛的作用。首先借助棱镜或者分光器从白光中获取单色光,使用与人眼感受相近的红、绿、蓝色相对应的刺激值X、Y、Z制成图表。

1931年,国际照明委员会(CIE)制定了这个XYZ等色函数曲线,并且作为CIE表色系一直使用至今。使用这个曲线图时,因为X对应红、蓝两色的顶点,Z对应蓝色的顶点,因此使用X和Z时会出现紫色。

所有颜色均可以借助X、Y、Z的三种刺激值产生,如果设定$x=X/(X+Y+X)$、$y= Y/(X+Y+Z)$,以x、y两种坐标表示所有颜色,就会成为右图所示的CIE色度图。CIE色度图很多部分均目视可见,并且用来表示电视机屏幕等显示器的颜色而被广泛应用。

图 **XYZ等色函数曲线图**

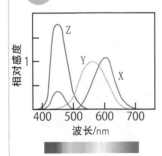

图 **CIE色度图**

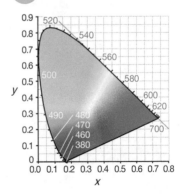

Q 005 光的三原色和色彩的三原色混色时，会生成怎样的色彩呢?

A 混色时，光的三原色是"加色混合"，越混合越明亮。而色彩的三原色是"减色混合"，越混合越暗淡。

❶ 光的三原色

如同Q004的回答，人眼中有可以感受红、绿、蓝三种颜色的视锥细胞，光的三原色分别对应这三种细胞。图❶所示为剧场混合红、绿、蓝三种聚光灯时所呈现的效果。当红光和绿光重叠时，感受红色和感受绿色的视觉细胞受到刺激，大脑会判断为黄色。而当绿光和蓝光重叠时，大脑会判断为蓝绿色（青色）。同样，红光和蓝光重叠时则会判断为紫色（品红色

图1 光的三原色(红·绿·蓝)

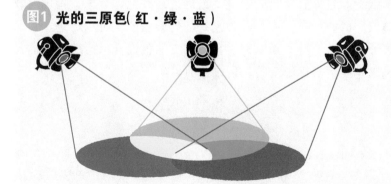

※1）。当红、绿、蓝三种颜色的光重叠时，肉眼可见光线的所有成分均受到刺激，大脑会判断为白色。因为它们越混合越明亮，所以称为"加色混合"。

我们接下来说明一下辅色。红色的辅色是蓝色，绿色的辅色是洋红色，而蓝色的辅色是黄色。混合有辅色关系的光线也会变成白色※2。

❸ 色彩的三原色

彩色打印机的彩色墨水以品红色、黄色、青色为基本色，这也是色彩的三原色。如上文所述，这些颜色也是光的三原色的辅色。

图❷是显示品红色、黄色、青色的彩色玻璃纸相互叠加时所看到的颜色。品红色的玻璃纸会吸收白光中的绿色成分，所以可见光的红色和蓝色透过后看起来像是品红色。黄色玻璃纸会吸收蓝色成分，而红色和绿色则可以透过。

如果把品红色的玻璃纸叠加在黄色玻璃纸上，红色、蓝色可以透过品红色的玻璃纸，但蓝色会被黄色玻璃纸吸收，而只有红色可以透过。同样，如果把品红色的玻璃纸叠加在青色玻璃纸上，则只有蓝色可以透过。把水绿色玻璃纸叠加在黄色玻璃纸上，也只有绿色会透过。最后把品红色、黄色、青色的玻璃纸同时叠加在一起，因为没有任何颜色的光可以透过，看起来如同黑色一样。像这种将色彩的三原色混合后，可透过的光越来越少，且逐渐变暗，所以称为"减色混合"。

※1 紫色和洋红色的区别在于蓝色和红色两者的混合比例不同。
※2 以LED（发光二极体）为例说明，白色的LED是因为LED本色发出的蓝光，再加上接收蓝光而发光的黄光荧光体混色，所以看起来像是白光。

图2 **色彩三原色（洋红色、黄色、青色）**

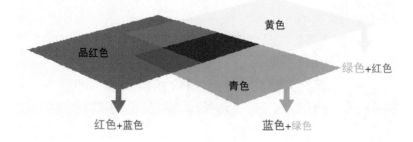

图3 **减色混合的原理**

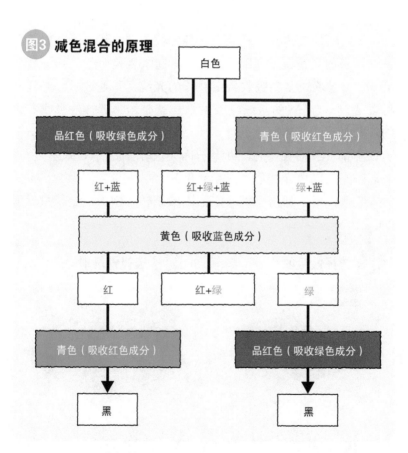

Q 006　物体为什么会有颜色呢?

因为人眼只能接受选择性吸收、选择性反射、衍射、干涉、折射等限定波长范围的光。

太阳所发散的光线是混合着各种波长的光线。物体对各种不同波长的光线做无规则反射时,看起来就是白色。

选择性吸收是指吸收特定波长的光线,其他波长的光线则可以通过。Q005的水绿色玻璃纸,就是因为选择性吸收红色的波长,让绿色和蓝色通过,所以看起来是紫色。在"宝石的奥秘"部分我们会谈到,红宝石因为选择性地吸收绿色,所以看起来是其辅色洋红色(或粉红色)。

选择性反射是指反射特定范围的波长。例如,金子只反射

图　**选择性吸收**

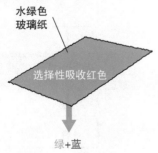

水绿色玻璃纸

选择性吸收红色

绿+蓝

图　**选择性反射**

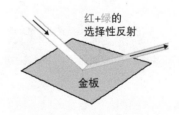

红+绿的选择性反射

金板

红色到绿色之间的波长，所以看起来是黄色（见Q007节）。

折射指的是从有规律凹凸的物体表面来的反射，或是透过光的干涉引起。CD和DVD等光盘上用来记录资料的同心圆状碟环，由于它们凹凸不平而引起光的折射现象，使光盘的背面看上去是彩色。

干涉则是指经薄膜上下表面反射的光线，因为波长引起强弱不一的接合，而产生的着色现象。泡泡的颜色就是因为干涉产生的。

图 **折射**

碟环凹凸

图 **干涉**

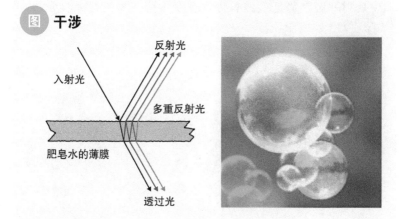

反射光

入射光

多重反射光

肥皂水的薄膜

透过光

为什么金、银、铜的电阻率相近，而颜色
却各不相同？

颜色的差异取决于选择性反射，这是因为各种
金属本身吸收的光线波长不同。

右图表示的是金、银、铜的分光反射率。尤其是银，它的
反射率非常高，对肉眼的可见光接近100%的反射率，所以，
银经常被用来作为高级镜子的材料使用。

如图所示，金能够良好地反射黄色~红色的光线，而吸收
其他颜色的光线。铜则可以反射红色光线，吸收其他颜色的光
线。这种现象称为"选择性反射"。

那么，金和铜为什么会发生选择性反射呢？主要是因为原
子附近被控制的电子会吸收光而成为可以自由活动的电子。右
图中反射率突然降低的波长处，就是各金属本身在吸收光线。

图 **金、银、铜的分光反射率**

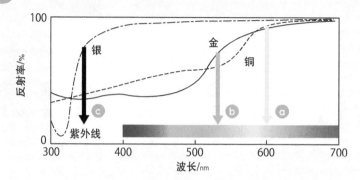

铜可以良好地反射红色光线。但是对于较橙色光线（箭头 **a** ）短的波长，反射率会急剧下降，所以看起来会是红色。此外，金对于较绿色光线（箭头 **b** ）短的波长，反射率也会急剧下降，所以看起来是黄色。

银的反射率会急剧下降，是因为在箭头 **c** 所示的紫外线波长，所以看起来是无色的。

Q 可以做出鲜红色或深蓝色的金属吗?

008

A 自然界中不存在鲜红色或深蓝色的金属,但利用多重膜所引起的干涉现象,可以将金属染为鲜红色或深蓝色。

自然界中不存在鲜红色或深蓝色的金属,但是若在铜当中添加少量的金,就会做成"红铜"这种红色合金。此外,在铅中添加少量的锌所做出的"丹铜",也是红色的合金,但两者都不是鲜红色。此外,铜和锡的合金可以做出"青铜",虽然刚做出来时是金色,但放置在空气中很容易被氧化成蓝绿色的青铜。

金属饰品中鲜红色和深蓝色的金属,是将其表面做氧化多重镀膜,借助多重干涉的效果提高特定波长的反射率,这是一种"构造色",而非金属自身的原色。

图 **红色合金**

红铜手镯

札幌冬奥会
的铜牌

Q 009 有黑色，为什么没有黑光呢？

A 所谓的黑色，可以理解为没有光线进入眼睛的情况。因为黑色会吸收所有波长的光线，没有光线进入人眼，就会感觉"变黑"，所以没有"黑光"。

　　我们知道光沿直线传播，所以没有光的地方就是黑色。如果我们背光而立，眼前就会出现黑影，也是同样的道理。因此，把影子想象成"黑光"也可以。

　　此外，可以吸收可见光全部波长的物质，看起来就是"黑色"，比如说碳。

图 **因为光沿直线传播，被遮住的地方就会出现黑影。**

把影子说成是黑光，也说得通哦！

不可见光（black light）是什么?

荧光灯可以发出紫外线。人眼虽然看不到，但只要紫外线接触到荧光物质就会发光。

　　紫外线是人眼所看不见的一种光线。但荧光物质只要吸收紫外线时便会发出可见光，它是一种接收到不可见的光（black light）就会发亮，使肉眼可见的物体。

图　**肉眼看不到的不可见光**

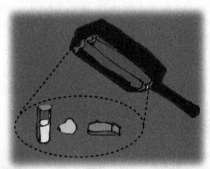

●GFP（绿色荧光蛋白质）
　也是因为不可见光而发亮

诺贝尔生理学或医学奖获得者下村修博士从水母中抽出的一种蛋白质GFP，对其进行试验，发现它接触到不可见光时，同样会发出绿色的荧光

Q
011

为什么粉状砂糖是白色的，而结晶状的冰糖却是无色透明的?

即使是无色透明的物体，只要变成粉状后都会变成白色。

　　无论哪种颜色的光线，只要在物体表面发生漫反射，肉眼看起来都是白色。不只是冰糖，即使是无色透明的玻璃，一旦变成粉末状看起来也是白色。另外，无色透明的物体不吸收任何波长的光线，因此光线均可以通过这种物体。

　　如图所示，因为粉末状颗粒有各种各样的形态，因此会将入射光线反射到各个方向，通过的光线也会被反射到各个方向。另外，通过粉末状颗粒的光线也会发散到各个方向，其中的一部分光线会传递到肉眼，因此粉末状的颗粒看起来会是白色。

图 即使是无色透明的物体，只要不规则颗粒对光线发生漫反射，看起来就是白色。

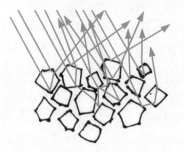

光线射到透明的粒子上，同时发生反射和折射。发生折射的光线遇到其他界面时会再次发生反射。如此下去的结果便是光被散乱地反射到各个方向

透过干燥的毛玻璃看不见对面的物体，但是泼上水后为什么就可以看见了呢?

A 毛玻璃是在透明无色的玻璃表面进行了粗糙处理后的产物，所以入射光线因发生漫反射而无法看见对面的物体。

　　毛玻璃因其表面粗糙，入射光线均会发生漫反射，所以看起来是白色。此外，因为入射光线无法直接前进而是散乱地透过玻璃，所以只能模糊地看见对面的物体。但如果在毛玻璃表面泼水后，减少了光的漫反射现象，则可以看见对面的物体。

图 **通常状态下毛玻璃的光线漫反射和泼水后的反射现象**

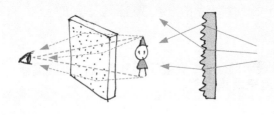

因为毛玻璃表面很粗糙，所以光线在其表面会发生漫反射，从而无法看清对面的物体

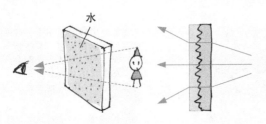

毛玻璃表面被水覆盖，从而减少了光线的漫反射现象，因此可以看清对面的物体

Q 013 吉丁虫的颜色为什么那么漂亮?

 吉丁虫翅膀的颜色和绘画的颜料、染料等的颜色不同,因为它具有特殊的结构,使反射光线发生了干涉现象,我们称之为"构造色"。

　　吉丁虫鞘翅的颜色,整体看来是带着金属光泽的绿色,其中还夹杂着一些红色。不过无论红色还是绿色部分,它的颜色都会因为观看角度的不同而不同。

　　如图所示,通过电子显微镜观察吉丁虫的鞘翅剖面图,可以看到重叠了20层的角质层结构。而且各层中均会有细微的凹凸起伏,因各层的起伏而引起的衍射光线,会再引起多重反射及干涉现象,所以呈现出多层的色彩。

图 **电子显微镜下的吉丁虫鞘翅照片**

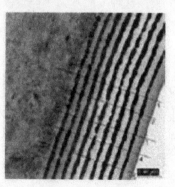

Q 014 为什么一看见太阳光，我们就会下意识地闭上眼睛？

A 这是人体的自我保护。

由于眼睛的角膜和晶状体的透镜作用，太阳光会聚集在视网膜中心处（黄斑）。因为聚光点很小，相对地能量密度就非常大。如果我们一直盯着太阳看，将会引发视网膜细胞的损伤，这称为"日光性视网膜灼伤"。

过去的很长一段时间里，大家一直认为是因为视网膜受热而引发这种炎症。一直到了20世纪70年代后半期，才发现它的真正原因。视网膜暴晒在可见光中的紫光和青光下，会引起光化学反应而损伤细胞。人体为了保护眼睛，在感觉到刺眼时，会反射性地缩小瞳孔，眼皮也会垂下来。这种反应称为"自我保护"。

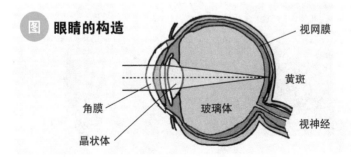

图 **眼睛的构造**

视网膜

黄斑

角膜　玻璃体

晶状体

视神经

Q 为什么看了太阳之后再看人脸，会觉得又
015 青又紫？

A 因为长时间看了某种颜色的光之后，该颜色的
辅色会作为余像而产生"辅色余像"的效果。

通常来说，长时间看某种颜色之后，再移开这个颜色，该颜色的辅色会作为余像而产生视觉效果。例如，盯着红色的图案30s之后，突然移开看向白色墙壁，会看到绿色的余像。肉眼会借助视神经将视网膜上的视觉信息传递到大脑，但此时会有"侧抑制"的效果发生，受到强烈刺激的细胞所传递的信息会被弱化。

太阳光中红色到绿色的光线强度都很大，因此红色到绿色的视觉细胞都会被抑制。又因为这种抑制会稍微残留一段时间，移开光线后，作为辅色的青紫色会传递到大脑，从而留下余像。

图 **眼睛的辅色余像效果**

一直盯着红色图案看，再移开图案，在图案处就会看到绿色图案的残像，这称为"辅色余像"。

Jewel

第 5 章

宝石的
奥秘

宝石的成因、光泽、颜色、硬度……
宝石中蕴藏了许许多多的奥秘，
探索宝石的奥秘一定
有助于提升我们的理科常识！

宝石是什么?

Q 001 宝石的定义是什么?

A 一般定义为"拥有装饰品的美感,并具有持久性、携带便利性,且存量稀少的一种天然素材"。

据《结晶成长学辞典》(日本、共立出版社、2001年)中的解释,宝石被定义为"颜色、透明度、光泽及外观具有装饰品的美感,在日常生活中具有持久性、便于携带且存量稀少的一种天然素材"。但是,所谓的装饰品的美感,会因为人的价值观、人种、地域的不同而不同,所以很难准确地加以定义。

宝石可不仅仅是闪闪发光的东西哦!

Q 002 宝石是由什么做成的? 宝石是石头吗?

宝石并不仅限于石头。它有很多种类,有像钻石一样晶体结构的矿物,也有像珍珠这种由生物产生的类型等。

　　英语的"jewel",虽然中文中写为宝石,但其来源是拉丁文的"jocàle",是玩具的意思,并没有石头的含义。

　　而提起宝石,通常我们的印象多半是像钻石这样的东西,但是也有像珍珠、珊瑚等由生物产生的宝石。

图 宝石的种类

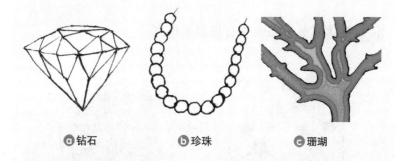

ⓐ钻石　　　　　ⓑ珍珠　　　　　ⓒ珊瑚

宝石中不仅有像ⓐ钻石这类的无机矿物,也有像ⓑ珍珠、ⓒ珊瑚这种由生物体产生的类型

Q **003** 宝石是晶体吗？

A 钻石和水晶是晶体，但玛瑙和蛋白石则不是。

所谓的晶体，是指分子和原子有立方体结构且排列很有规则的固体。它的英文名是"crystal"，来源于希腊语，是"美丽清澈的冰"的意思，后来被转义为晶体。钻石则是由碳按照立方体结构有规则排列的晶体，如图一样，称为"钻石构造"的晶体结构。通过切割钻石，我们可以看到原子在平面上的剖面闪耀着光泽，看起来非常漂亮。水晶则是二氧化硅（SiO_2）的晶体。

图 **晶体是分子和原子有规则地排列**

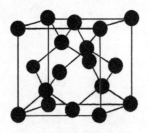

以钻石结构反复排列的分子和原子（黑圆点是碳）

紫水晶

蛋白石和玛瑙则不是晶体。蛋白石虽然是含有水分的SiO_2粒子随机排列而成的非晶体，但因为构成它的粒子全部有规则地排列，所以会发生衍射作用而闪耀出像彩虹一样美丽的光泽。

另外，非晶体也有由生物产生的，如珍珠。因为光的干涉作用，所以珍珠具有独特的色泽。

Q 004 宝石除了装饰外，还有什么用途?

宝石可以应用在精密机械的轴承、激光的晶体、计算机的电子元件等高科技产品上，发挥它们独特的作用。

我们通常会使用红宝石来减少机械表轴承所受到的摩擦。

图 宝石可以应用于精密机械表的轴承

积家公司（Jaeger–LeCoultre）在机械式手表上使用的宝石（红色圆圈处）

前文已经提过，我们常利用钻石的硬度作为标准来检测其他物质的硬度。此外，将钻石的微粒子固化并弯曲成刀刃，用在硅的单晶体切片上来使用，也就是俗称的钻石刀。

红宝石的单晶体则应用在红宝石激光的中心位置。这是因为红宝石中的铬离子处在疝气中，将变为激发态并被诱导放出。

水晶的英文名字是quartz。所谓的石英表，就是利用石英振动器来计算时间。

图 **红宝石激光的原理**

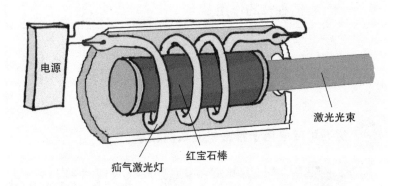

电源

激光光束

疝气激光灯

红宝石棒

红宝石激光是以疝气激光灯将红宝石棒中的铬离子抽出成为激发态，并被诱导放出产生激光光束。

激光的理论基础起源于大物理学家爱因斯坦。1958年，美国科学家汤斯和肖洛提出了这种可能性并发现了这一神奇的现象。而直到1960年由美国科学家梅曼宣布获得了波长为0.6943μm的激光，这是人类有史以来获得的第一束激光。这一成功发现，开启了激光时代的序幕，这是一项划时代的伟大发明

宝石的产生

Q
005

宝石是怎样形成的?

A 有的在地底深处的地幔中高温高压形成的岩浆岩内;有的形成于高温岩浆形成的沉积岩内;也有的形成于水中的机械沉积、生物沉积,等等。

钻石蕴藏在金伯利岩(南非产)和钾镁煌斑岩(大洋洲产)两种岩浆岩中。因其熔点高达3550℃,所以一般不认为它是熔液

图 **地球的内部结构**

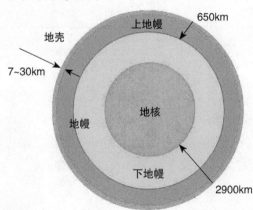

直接形成的,而是在地下150km左右深度的上层地幔中,接受了5万个大气压(注:1大气压=$1.01325×10^5$Pa)的超高压、1300℃以上的高温,熔解岩浆中的铁、碳等物质时,由于地壳变动而急速喷发、冷却结晶而成。

还有一种观点,红宝石或蓝宝石是由接触到高温岩浆岩的沉积岩而得来。

此外,也有像蛋白石一样在水中沉淀形成,或是像珍珠等形成方式。宝石的形成方式多种多样。

Q006 宝石可以人工合成吗?

A 可以制作满足工业需求的人工合成宝石。

宝石不仅作为饰品使用,还广泛应用在精密机械部件、电子零部件和光学零部件等方面。但由于天然宝石的价格较高,所以工业上大多选择使用人工合成的宝石,且后者具备尺寸大、成品品质均一等优点,人工合成的宝石晶体缺陷也较少,如钻石、水晶、红宝石、蓝宝石等都可以人工合成。

•人工钻石是怎样做出来的?

人工钻石是在高温高压下形成的。我们通常会使用活塞气缸，对碳化钨容器内的石墨施加5万~6万个大气压，并对其进行加热到1300℃以上的高温。但是，用这种办法无法做成直径1英寸以上的钻石半导体晶圆。所以近年来又研究出一种新方法，即化学气相合成法来人工合成钻石。这种方法可以做出直径6英寸左右的晶圆。

•人工水晶是怎样做出来的?

我们使用水热合成法来制作人工水晶。具体方法是将结晶种子放在高温高压的水溶液中，然后将种子上的结晶析出。

图 **人工水晶的水热合成和石英振荡器**

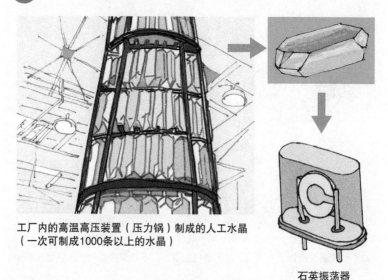

工厂内的高温高压装置（压力锅）制成的人工水晶
（一次可制成1000条以上的水晶）

石英振荡器

宝石的颜色和光泽

Q 007 宝石为什么会有各种颜色？

红宝石和蓝宝石是因为晶体中所含有的少量杂质吸收光线而产生的颜色。紫水晶是因为晶体缺陷而吸收特定的光线所产生的颜色。蛋白石则是因为光的衍射、干涉等现象而产生的颜色。

• 红宝石的粉红色来自微量的铬

刚玉（蓝宝石）是铝的氧化物（Al_2O_3），其晶体是无色透

图 红宝石的结构和通过光的光谱

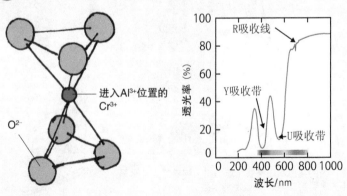

Cr^{3+}吸收箭头所指波长的光，从而变成激发态。吸收很少的一部分红色和青绿色后会变成粉红色

明的。但是只要把刚玉中仅有的铝换成铬，就会变成红宝石，晶体会呈现粉红色。

上图是红宝石的通过光光谱，透光率在黄色、绿色到紫色的波长位置达到了极值。因为在红光里夹杂着少许的青绿色光线而变成粉红色。

●绿宝石（绿柱石）会因为含有的微量金属不同而颜色各异

绿宝石是含有铍的硅铝酸盐，化学式是$Be_3Al_2Si_6O_{18}$。如果把其中的铝换成二价铁（Fe^{2+}），就会变成淡蓝色的水蓝宝石。换成三价铁（Fe^{3+}），会变成黄绿柱石和金绿柱石。换成二价锰（Mn^{2+}），会变成粉红色的绿柱石。换成三价锰（Mn^{3+}），会变成红色绿柱石。换成三价铬（Cr^{3+}），则会变成祖母绿。

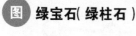

图 **绿宝石（绿柱石）**

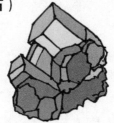

●红宝石的粉红色和祖母绿的绿色都是因为含有微量的铬

红宝石和祖母绿都是因为含有微量的铬而产生的颜色，但同样含铬，为什么有粉红色有绿色的呢？

原因是三价铬离子含有3个d电子吸收光线后而变成高能量状态，从而形成"晶体场迁移"。但激发态的能量会因为包围铬的周围环境不同而有所差异。无论在哪种晶体中，铬均被6个氧化离子的不规则八面体所包围。祖母绿中的d电子会向波长较长的红光移动，而红宝石中的d电子则会向绿光移动，因此祖母绿会吸收红光而让绿光通过，红宝石则是吸收绿光而让红光通过。

●蓝宝石的蓝色来自于为微量的铁和钛

我们在刚玉（化学式Al_2O_3）里加入微量的铁和钛后，刚玉会吸收红色到绿色波长的光而变成深蓝色，这就是蓝宝石。铁、钛都可以和刚玉中的铝置换，如果把部分三价的铝换成二价的铁

图 宝石带有颜色是因为电子在原子间跃迁

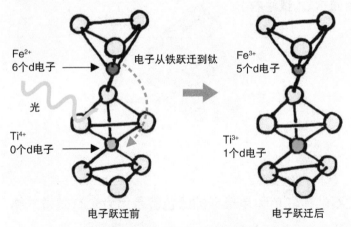

Fe^{2+}
6个d电子 ← 电子从铁跃迁到钛

光

Ti^{4+}
0个d电子 ←

Fe^{3+}
5个d电子

Ti^{3+}
1个d电子

电子跃迁前

电子跃迁后

因为电子从铁飞移到钛时会吸收光，因此宝石会产生颜色。电子跃迁前，铁是二价，而钛是四价，跃迁后铁和钛都是三价

和四价的钛，全体电荷依然保持中性。因为吸收红色到绿色波长的光时，会有一个电子从铁跃迁到钛，使二价铁变成三价铁，钛从四价变成三价。化学反应方程式如下：

$$Fe^{2+}+Ti^{4+} \rightarrow Fe^{3+}+Ti^{3+}$$

像这样的电荷移动，被认为是蓝宝石颜色的成因。此外，青金石呈蓝色被认为是硫原子间的电荷移动所引起的。

●紫水晶的紫色是因为微量的铁

紫水晶（amethyst）的主要成分是二氧化硅晶体，而晶体本身是无色透明的，产生颜色的主要原因是其内部含有的微量杂质所引起。紫水晶在波长545nm为中心的绿色光谱区间有很强烈的吸收现象，因此通过的光是绿色的辅色，即紫色。

如果以紫外线照射紫水晶，则在绿色的光谱区间不再有吸收而变回透明色。此外，如果在空气中做热处理，颜色也会消失。这个吸收带与硅和四价铁（Fe^{4+}）、水晶的氧（O^{2-}）相互置换有关，化学反应方程式如下：

$$Fe^{4+}+O^{2-} \rightarrow Fe^{3+}+O^{-}$$

如化学反应方程式所示，氧化物离子的电子吸收绿光，发生了向四价铁离子的电荷移动现象。如果以紫外线照射，因为氧化物离子O^{2-}的电子被激发变为O^{-}，所以不会发生电荷移动，颜色便会消失。如果在空气中进行热处理，因为开始时铁就会被氧化成三价铁Fe^{3+}，便不会发生上述的反应。

●烟水晶的灰色是因为铝和氧的缺陷

含有微量铝的水晶，如果被放射线持续地照射，就会变成灰色或是淡褐色的烟水晶。这是因为替换硅的铝（Al^{3+}）和因放射线产生的氧空孔的双重缺陷会吸收光线所致。

●蛋白石的颜色是结构色

蛋白石的色泽如同图ⓐ所示，闪闪发光且闪耀着彩虹的光泽。更会因为观看角度的不同而呈现出不同的颜色。这种奇异的现象我们称之为"变彩效应"（play of color）。因为周期结构不同，所以与红宝石、蓝宝石的颜色产生方式不同，它是由光的衍射带来的"结构色"。

ⓑ是在电子显微镜下观察到的闪闪发光部分的结构，直径几百纳米的石英（非晶质的二氧化硅）粒子规则地排列着，一层一层反复重叠的立体晶体结构。如ⓒ所示，下层反射上来的光线和上层反射的光线之间的光程差是波长的整数倍时，便会生成颜色。这种细微的晶体构造称为"光子晶体"。

石英球的尺寸变小，面和面之间的间隔变得狭窄，就会选择波长较短的蓝光，看起来就是蓝色。反之，石英球的尺寸变大，面和面的间隔变宽，看起来就是红色。

图 **蛋白石的颜色产生原理**

ⓐ 蛋白石的彩虹光泽（游色）

ⓑ 蛋白石内部构造的电子显微镜图
（16000倍）

（图片来源：京瓷公司）

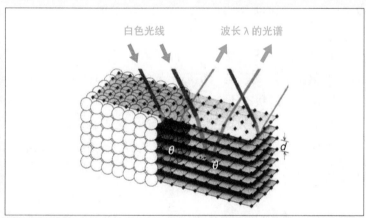

白色光线　　波长 λ 的光谱

ⓒ 蛋白石颜色的产生原理

白色光线倾斜入射时，蛋白石只会选择性地反射特定波长的光线，我们称之为
"布拉格定律"。

如果把微粒排列的面与面之间的距离设为 d，只有符合 $2d\sin\theta = n\lambda$ 的波长 λ 的
光才会发生衍射

（图片来源：京瓷公司）

Q 008 宝石为什么会闪闪发光？

A 因为宝石被切割成可以发生"全反射"的形状。

宝石闪闪发光的秘密在于切割的方式。最有名的就是图中这种圆形明亮型切割（round brilliant cut）。只要采用这种复杂的切割方式（切割成58面体），无论光线从哪一面入射，任何一个切割面（facet）都会发生光的反射现象。

如果切割技术好，倾斜切割面的入射角大多可以达到全反射的临界角以上，这时进入宝石的光线将全部被反射出去，且保持着光线原来的状态不变。

折射率越高这种发光现象越明显，这不仅是因为反射率高，也因为即使很小的入射角也可以达到全反射，所以宝石看起来才会闪闪发光。

图 钻石的明亮型切割

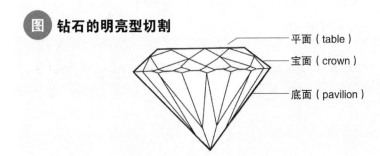

平面（table）

宝面（crown）

底面（pavilion）

表 宝石的折射率

宝石名称	折射率	宝石名称	折射率
钻石	2.42	电气石（碧玺）	1.62
石榴石	1.7	祖母绿	1.57~1.58
蓝宝石、红宝石	1.76~1.77	水晶	1.54~1.55
尖晶石	1.717	蛋白石	1.42~1.47

● 小专栏

关于全反射

　　让我们试想一下，光从折射率为n的物质进入折射率为n_0的物质时光的折射情况吧。如果假设入射角是θ，折射角是θ_0，那么$n\sin\theta = n_0\sin\theta_0$的斯奈尔定律（折射定律）就会成立。

　　把钻石的折射率代入$n=2.42$，空气的折射率代入$n_0=1$，则会变成$2.42\sin\theta = \sin\theta_0$。$\theta_0$变成90°（$\sin\theta = 1$）时，我们将入射角$\theta$称为"临界角$\theta_c$"。此时，

　　　　$\sin\theta_c = \sin\theta_0/2.42 = 1/2.42 = 0.413$

这样一来钻石的临界角就是24°，如果入射角大于此临界角，斯奈尔定律就无法成立而发生全反射。

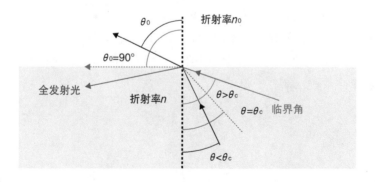

137

Q 009 钻石为什么是最硬的物质?

A 因为晶体的结合较强，弹性系数也较大。

"莫氏硬度"是用来判断物质"硬度"的标准之一。两种固体表面相互作用后，观察哪一侧会产生划痕，我们通过划痕程度来判定物质的硬度。原子的结合越稳定，硬度就越大，分子和原子也就越不容易被剥落。因为钻石是莫氏硬度测量时最硬的物质，所以被定为10级硬度,也是最高位的硬度。

钻石由碳元素构成，碳原子的空间结构是正四面体形。原子间以共价键结合，是一种非常安定的结合方式。从下表来看，化学键的强度（内聚能）和硬度有关，但并非正比关系。从下表来看，钻石是7.37eV，而莫氏硬度较小的钨却有8.59eV。

硬度不单由化学键的结合力大小来定。如下表所示，硬度和弹性系数间也有某种程度的关联。弹性系数是物体受力时变形难易程度的指标。钻石的弹性系数是443GPa，钨则是323GPa。总之，与其他物质相比，钻石无论是化学键的强度还是弹性系数，都有一定差距。

表 各种物质的莫氏硬度和物理性质

物质	莫氏硬度	内聚能 /(eV/原子)	体积弹性系数 /GPa
钻石	10	7.37	443
铬	9	4.10	190
钨	7.5	8.59	323
铱	6~6.5	6.94	355
铁	4~5	4.28	168
金	2.5~3.0	3.81	58
岩盐	1.25	3.98	240
镁	2	1.51	35

● 小专栏

eV和GPa

●凝结能的单位eV

1eV（电子伏特）代表对一个电子施加1V的电位差后所获得的能量，英文名是"electron volt"。$1eV = 1.9 \times 10^{-19}J$（J是焦耳）。1J等于1N的力量施加在物体上，使物体向固定方向移动1m的动能。

●弹性系数的单位

1Pa（帕斯卡）是表示1N的力量施加在面积为$1m^2$的物体表面时的压力。当压力变为ΔP时，体积为V的物体体积会变为ΔV，弹性系数K就被定义为$K = \Delta P/(\Delta V/V)$。因为$\Delta V/V$无单位，$K$的单位和$\Delta P$同样是Pa。$1GPa = 10^9 Pa = 10000$个大气压。

第 6 章

电的奥秘

我们日常生活中必不可少的电是怎样产生的呢？
荧光灯为什么会发光？
LED的原理是什么？
本章将借助身边的电器来增强大家的理科常识！

Q
001
从电线杆输送到家里的电是如何产生的?

A
将水力带动水车、蒸汽机带动涡轮发动机得到的
动能等能量传送到发电机,转换为电能。

发电机可以将机械能转换为电能。如图所示,线圈中间的
磁铁旋转会产生磁力线,根据"法拉第电磁感应定律",线圈
处会产生电压。

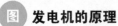
图　发电机的原理

线圈

磁铁旋转,电流就
会通过线圈

磁铁

●水力发电厂

水力发电是利用高低势能差来实现的。因为水坝到水管之间
有高度差,会产生"重力势能",蓄积在水坝中的水向下流动时
会带动水车旋转,发电机连接在水车车轴处,当水车旋转时会带
动发电机旋转而产生电力。也就是重力势能转换为电能。发电量
则会根据水位高低差的程度以及水量的多少来决定。

图 **水力发电的原理**

- 电线
- 水坝
- 发电机
- 水车

●火力发电厂

火力发电是在锅炉中燃烧煤或石油产生水蒸气※，再利用水蒸气带动涡轮发动机旋转，使连接在轮轴处的发电机旋转产生电能。这是利用蒸汽的"热能"转变为电能。通常蒸汽的温度在500℃以上，涡轮发动机的转数是50次/s（东日本）或是60次/s（西日本）。

图 **火力发电的原理**

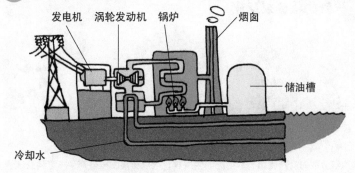

- 发电机
- 涡轮发动机
- 锅炉
- 烟囱
- 储油槽
- 冷却水

※ 燃烧煤或石油，会产生二氧化碳排放的问题。

●核能发电厂

核能发电厂是利用核反应堆中核燃料（铀）裂变链式反应所产生的热能，使水沸腾产生水蒸气，再按火力发电厂的发电方式，将热能转变成机械能，再转换成电能。其中，热能转变成机械能有两种方式，一种是沸腾的水蒸气直接从反应堆到涡轮发动机的类型，称为"沸水式反应堆"（BWR）；另一种是水蒸气经过一间反应室后产生高温高压的水，间接流到涡轮发动机的类型，称为"压水式反应堆"（PWR）。无论哪种类型，最重要的一点是都会将堆心用双重的密封容器封闭，避免放射能外泄。内侧的密封容器称为"反应堆压力容器"，外侧的是"反应堆安全壳"。

中子被铀-235吸收，就会暂时变为铀-236，随即产生氪-92和钡-141两个原子核的核分裂反应，同时释放出更多的中子，这些中子会再被其他的铀-235吸收，引起新的核分裂，所以称为"核分裂连锁反应"。核分裂时，连接核子的能量被作为热能释放出来。因为铀裂变时的反应非常剧烈，因此核能发电时还需利用石墨、水等慢化剂来控制这个连锁反应，降低反应速率的同时不断地获取能量。

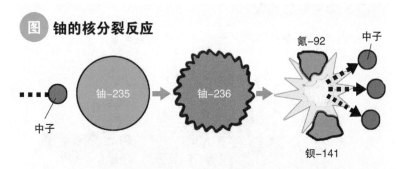

图 **铀的核分裂反应**

因为核分裂时会产生带有放射能的生成物，所以核能发电会产生核废料处理的问题

核能发电的原理

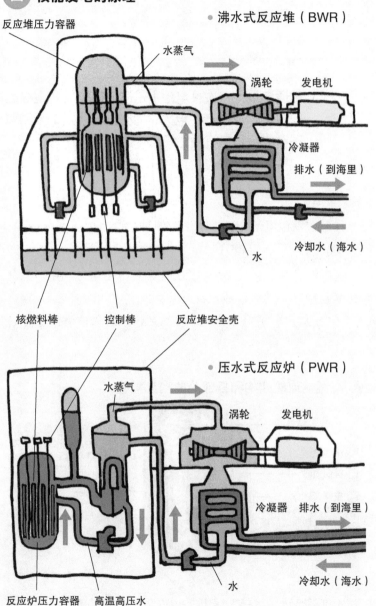

• 沸水式反应堆（BWR）

反应堆压力容器

水蒸气

涡轮　发电机

冷凝器

排水（到海里）

水

冷却水（海水）

核燃料棒　控制棒　反应堆安全壳

• 压水式反应炉（PWR）

水蒸气

涡轮　发电机

冷凝器　排水（到海里）

水

冷却水（海水）

反应炉压力容器　高温高压水

电池的发电原理是什么?

普通电池(一次性电池)是通过电解质和电极之间的化学反应产生电力;而充电电池则是利用离子在电极和电解质之间的移动产生电力。

❶普通电池

我们在以锰电池和碱性电池为例进行说明。

●锰电池

锰电池是基于锌和电解质※的化学反应生电,利用二氧化锰将化学反应产生的氢制成水。

(1)从锌电极❹出来的锌变成Zn^{2+},进入电解液❸中,与

图 **锰电池的结构和各部分的构成材料**

正极盖

❶ 碳棒

❹ 锌制内罐

❸ 电解液
(用淀粉将氯化锌和氯化铵制成的糊状物质)

❷ 复合材料
(用氯化铵结合二氧化锰和碳而成的固体物质)

❺ 外壳

❻ 底板(负极)

※ 电解质:在溶剂中溶解后,会使溶液具有导电性的物质。该溶液被称为"电解液"。

氯化铵发生化学反应，变成氯化锌$ZnCl_2$和铵根离子NH_4^+，锌电极得到电子而带负电荷。

（2）铵根离子（NH_4^+）从碳电极❶得到电子变成氨气（NH_3），再与水（H_2O）结合变成氢氧化铵（NH_4OH）和氢气（H_2），碳电极失去电子而带正电荷。

（3）为了防止氢气覆盖在碳棒上而无法进行化学反应，会利用二氧化锰（MnO_2）将氢气（H_2）氧化还原成水（H_2O），此时二氧化锰会变为氧化锰（MnO）。如果二氧化锰无法再进行氧化还原反应，说明该电池的电量已被耗尽。

●碱性电池

碱性电池是利用氢氧化钾KOH，代替氯化铵应用在电解液中。因为氢氧化钾是强碱，所以称为"碱性电池"。在中央放置锌棒作为正极，以二氧化锰和碳制成内壳作为负极。因其内部电阻较低，所以可获得较大电流。

图 **碱性电池的结构和各部分的构成材料**

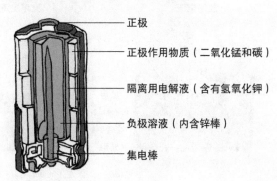

正极

正极作用物质（二氧化锰和碳）

隔离用电解液（含有氢氧化钾）

负极溶液（内含锌棒）

集电棒

❷充电电池

我们在此以铅酸蓄电池和锂电池为例进行说明。

●铅酸蓄电池

最古老的充电电池就是铅酸蓄电池。现在除了用于汽车电池外，也经常作为医院、工厂、大楼等的紧急电源，以及计算机的备用电源来使用。铅酸蓄电池的原理非常简单，以铅作为负极，氧化铅作为正极，浸在稀硫酸溶液里，化学式是$Pb|H_2SO_4|PbO_2$。放电时，铅（Pb）会与稀硫酸（H_2SO_4）发生化学反应，从电极上能够析出※硫酸铅（$PbSO_4$），导致溶液里的氢离子（H^+）增加。因为铅是以Pb^{2+}的形式参加化学反应，所以电子会从负极流出。在正极方面，氢离子（H^+）会与稀硫酸（H_2SO_4）和氧化铅（PbO_2）发生化学反应，变为硫酸铅（$PbSO_4$）和水。

充电时，负极上的硫酸铅（$PbSO_4$）得到电子被还原成铅，而正极的$PbSO_4$与水发生化学反应，变成氧化铅，电子从正极流出。

图 铅酸蓄电池的原理

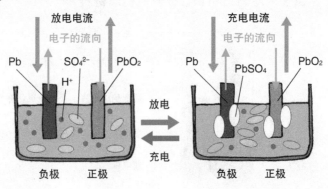

※ 析出指固体从溶液中分离。

●锂电池

锂电池的正极使用钴酸锂（$LiCoO_2$），负极则使用碳，两边各自重叠多层基板制成。电池组中的每个电池称为电池单元，应用在笔记本计算机等产品时会组装多个电池单元以得到一定的电压和电池容量。锂电池主要是通过在正极的钴酸锂中的锂离子和负极的碳之间移动，来进行充电和放电。

图 锂电池的原理

理解电池原理需要化学常识哦！

隔离用溶液
（含有锂离子的有机电解液）

正极板（$LiCoO_2$）

放电时　　　　　　　　　　　　　充电时

电子的流向　　　　　　　　　　　电子的流向

负极		正极		负极		正极
Li_xC $\rightarrow C$	Li^+	$Li_{1-x}CoO_2$ $\rightarrow LiCoO_2$		$C \rightarrow$ Li_xC	Li^+	$LiCoO_2 \rightarrow$ $Li_{1-x}CoO_2$

放电 ⇄ 充电

Li^+的流向　　　　　　　　　　　Li^+的流向

Q 003 太阳能电池如何产生电？它可以储存电量吗？

A 太阳能电池是将光能转换为电能的一种半导体装置，虽被叫做电池，却无法储存电能。

太阳能电池是一种半导体装置，可以将光能转化为电能，但却无法蓄电。因此，正确的名称应该是"太阳能发电机"。

图 太阳能电池的原理

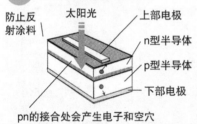

防止反射涂料
太阳光
上部电极
n型半导体
p型半导体
下部电极
pn的接合处会产生电子和空穴

图 安装太阳能发电机的住宅

→ 悄 悄 话

太阳能电池和LED同样是半导体中的二极管，而且都是利用"pn结效应"的原理。所谓的pn结，就是p型和n型两种半导体的组合装置。一旦接合面受到光线照射，带有负电荷的电子和带有正电荷的空穴，借助接合面附近的"扩散电位差"，电子会朝向n型半导体流动，空穴则会向p型半导体方向流动，从而产生电流。

Q 004 为什么用塑胶板摩擦头发后，头发会竖起来？

A 根据摩擦起电的原理，头发带正电荷，塑胶板带负电荷。因为正负电荷间的相互吸引作用，头发就会竖起来。

　　用塑胶板摩擦头发，会产生静电。从带电序列表（**Q005**）来看，"人的头发"排在塑胶（聚丙烯、聚乙烯、聚氯乙烯）的前面，所以头发带正电荷，而塑胶带负电荷。 但是因为塑胶不导电，所以塑胶板上的电荷不会传导到人体，而是停留在板上。

　　根据库仑定律，由于正负电荷间的相互吸引作用，所以头发会竖起来。

图 **塑胶板会吸引头发的原因**

因为库仑定律的作用力而相互吸引

带正电荷

带负电荷

为什么会产生静电？

电荷累积在物体表面而无法传导至其他地方，就容易产生静电。这可能是摩擦带电、压电效应等不同原因所引起。

两种物体相互摩擦后，一方带正（+）电荷，一方带负（-）电荷的现象称为"摩擦起电"。下表是根据经验整理得来的带电序列表格。相互摩擦时，前面的物质带正电荷，后面的带负电荷。例如，我们穿着羊毛裤坐在聚酯纤维的沙发上时，羊毛会带正电荷，而沙发会带负电荷。

表 带电序列

➕人的皮肤>皮革>玻璃>石英>云母>人的头发>尼龙>木材>羊毛>铅>丝绸>铝>纸>棉花=钢（0）>琥珀>丙烯酸>聚苯乙烯>橡胶制气球>松脂>硬橡胶>镍·铜>硫黄>黄铜·银>金·白金>乙酸酯·人造丝>合成橡胶>聚酯>聚苯乙烯>保鲜膜>聚氨酯>聚乙烯>聚丙烯>聚氯乙烯>硅胶>硬胶➖

●摩擦起电的原因

虽然学术界尚未完全分析出摩擦带电的原因，但一般认为是下面的过程引起的。两种物体彼此摩擦的瞬间，两物体之间会形成化学键而发生电荷的移动。两种物体分开后，其中一方的物体失去电子带正电荷，而得到电子的一方则带负电荷。

此外，如果对电介质的陶瓷材料施加压力，也会产生静电，称为"压电效应"。这项原理也被应用在煤气灶点火器上。

●为什么静电发生时会带来火花呢？

有静电产生时，身体对地面带电，电荷会试着向地面移动。因为有时电位差会高达1万V，所以如果接触到和地面同电位的金属扶手之类的东西时，就会因放电而产生火花。

●为什么干燥就容易发生静电呢？

即使是因为摩擦引起的静电现象，如果电荷马上移动到别处，就不会感受到静电的发生。潮湿的空气会导电，电荷马上就会移动到别处。而干燥的空气不会导电，电荷无法转移，所以会较易感受到静电的发生。

图 摩擦产生静电的原理

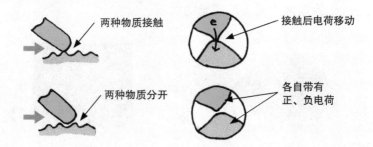

两种物质接触

接触后电荷移动

两种物质分开

各自带有
正、负电荷

 荧光灯的奥秘

Q 006 "荧"光灯的发光原理和"萤"火虫相同吗?

A 荧光灯的"荧光"并非萤火虫,而是"萤石"的意思。当荧光受到紫外线照射时,就会放出可见光的现象。

第4章曾经提到,荧光物质只要接触到紫外线就会发出可见光,我们称之为"不可见光"(black light)。

荧光的英文是"fluorescence",fluorescence来自于fluorite(萤石、氟化钙CaF_2)发出的光线而得名。所以荧光的荧不是萤火虫的萤,而是与萤石的"萤"同义。萤石接触到不可见光就会发出黄色和绿色的光线,这就是荧光。而萤火虫的发光原理,简单来说,是荧光素(luciferin)发生的一系列复杂的化学反应,产生了荧光。

图 因紫外线而发出黄光的萤石

接触到紫外线,便发出黄光

Q 007 荧光灯的灯丝不相连，却还能发光是为什么?

A 荧光灯也称日光灯，是利用"放电"现象使电在灯管内的水银蒸气中流动，水银蒸气所发出的紫外线照射荧光物质而发光。

荧光灯管的内壁涂满了荧光涂料，就像萤石一样，只要接触到紫外线就会发出红、绿、蓝光。除了少许水银蒸气外，灯管内几乎是真空状态。

❶我们知道灯管的两端有灯丝，点亮荧光灯的时候，电流会首先通过灯丝，温度上升后就会释放出电子到真空中。

❷之后对两端的灯丝施加高电压，便会发生放电现象，电子就会分布在真空中。

图 荧光灯发光的原理

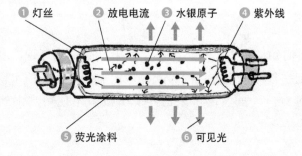

❶灯丝　❷放电电流　❸水银原子　❹紫外线　❺荧光涂料　❻可见光

❸电子接触到水银蒸气的原子后，它所带有的动能就会传递到水银蒸气中。因此，水银原子中的电子接受能量后就会跃迁到高能量的电子层。

❹高能量电子层的水银电子以紫外线的形式释放能量后，电子又回到低能量的电子层。

❺灯管内壁上荧光涂料的电子，接触到紫外线获得能量就会跃迁至高能量的电子层。

❻荧光涂料的电子从高能量向低能量的电子层跃迁时，所释放出的能量就会变成人眼可以接收到的光线（即可见光），这就是荧光。

以上步骤就是荧光灯的发光原理。（请参考下页图）

Q 008 为什么打碎荧光灯会很危险?

应为荧光灯管内含有水银。

我们知道水银是有毒物质，如果打碎荧光灯管，水银就会泄露到空气中，十分危险。欧洲规定荧光灯管内的水银含量不得超过5mg，虽然近年来也开发出很多不使用水银的荧光灯管，但仍不普及。

图 荧光涂料的作用

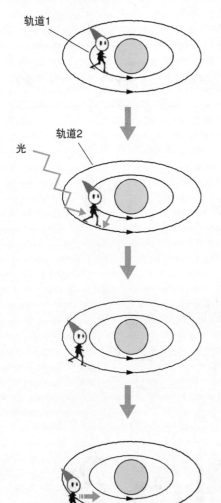

a 初始状态

蓝色帽子的电子小朋友在原子核周围公转，这种情形称为"初始状态"。因为电子小朋友所带能量较低，所以只能围绕在原子核附近很小的区域，即轨道1内移动

b 激发

蓝色帽子的电子小朋友接收到光线后，增加了运动能量，就会跃迁到直径较大能量较高的轨道2

c 激发态

这时，蓝色帽子的电子小朋友改戴红色帽子，在能量较高的轨道公转，这称为"激发态"

d

激发态不可能一直持续，经过一定时间后，电子小朋友就会回到轨道1。从激发态回到初始状态所释放的能量就会转化为光能

发光

为什么有的荧光灯一点就亮，有的则比较慢?

无法快速点亮的荧光灯，使用的是旧式启辉器搭配电感镇流器，可以快速点亮的灯使用的则是电子镇流器。

生活中广泛使用的荧光灯所采用的启辉器衔接点由双金属片制成。开始时衔接点是闭合的，当电流通过灯管内的灯丝时

图 **启辉器的发光模式**

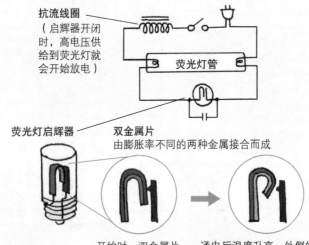

抗流线圈
（启辉器开闭时，高电压供给到荧光灯就会开始放电）

荧光灯管

荧光灯启辉器

双金属片
由膨胀率不同的两种金属接合而成

开始时，双金属片的衔接点闭合，呈现开启的状态

通电后温度升高，外侧的金属会因此而膨胀延展，变得较内侧的金属长。双金属片的衔接点分开，呈现断开状态

就会释放电子，而双金属片会因电流的通过而升高温度，这时衔接点便会断开。这样会使得抗流线圈的电压增高，两端的灯丝间就会开始放电。

电子镇流器的发光模式，则是借助变压器将交流电变为20~40kHz的高频电磁波后传入荧光灯内，高频电磁波能够在一瞬间让电流流过灯丝，使灯丝轻易地开始放电。灯泡型的荧光灯也是利用电子镇流器的方式发光。

图 **电子镇流器的发光模式**

电子镇流器利用的是高频电磁波，所以开灯时不会出现一闪一闪的状况，非常方便。

如果频繁地开关荧光灯，寿命就会变短，真的是这样吗?

主要看发光模式，如果是辉光启动器的情况，那么每开关一次就会减少一小时的寿命。

荧光灯是放电类型的灯，每次开灯便意味着放电的开始。电流通过灯丝时都会施加高压电，所以灯丝表面帮助释放电子的涂料"发射体"（主要原料是钨酸钡$BaWO_4$）就会剥落而残留在灯管两侧的内壁上。

图 **为什么每次开灯，荧光灯管的寿命就会变短**

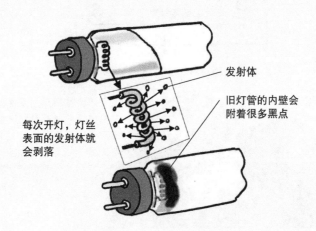

发射体

旧灯管的内壁会附着很多黑点

每次开灯，灯丝表面的发射体就会剥落

Q 011 为什么LED手电筒比普通的灯泡更亮，电力也更持久？

因为普通灯泡和LED的发光原理完全不同。

• 普通灯泡的发光原理

普通灯泡就是白炽灯，1879年由美国著名的科学家爱迪生发明。白炽灯只要通电，灯丝便会升温，按照黑体辐射的原理来发光。黑体辐射可以发射从红外线到可见光中任何波长的光线。

白炽灯发出的光几乎都是红外线，它所耗费的电力中仅有一小部分被转为可见光，其余大部分的能量都转化成无法被利用的热能，因此发光的效率非常低。此外，还因是利用灯丝高温化来发光，使用的过程中钨丝会渐渐蒸发直至消失。所以，普通灯泡不但要消耗大量的电力，灯泡自身的寿命也很短。

图 **普通灯泡的发光原理**

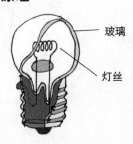

玻璃

灯丝

•什么是LED？

LED是发光二极管（light emitting diode）的英文缩写。发光二极管有❶和❷两个端子，电流从❶流向❷，而从❷到❶几乎没有电流通过。像这种只可以单方向流动电流的作用称为"整流作用"。

从❶到❷，叫顺向电流。从❷到❶，叫逆向电流。二极管由p型半导体和n型半导体接合而成，p型半导体的端子❶，和n型半导体的端子❷相连接。电流从❶向❷流动时，会在p型和n型半导体的交界处将电能转变为光能，这就是发光二极管的工作原理。

图 **LED的原理**

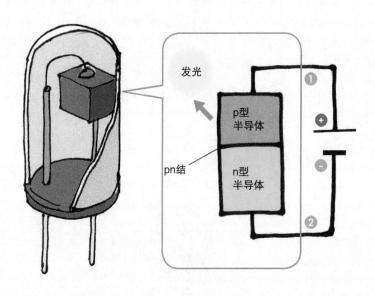

●发光二极管的颜色取决于半导体的种类

半导体的种类决定了发光二极管所发出的光的颜色。用专业术语来讲，半导体有其固定的能隙[※]，会发出其能隙所对应波长的光。砷化镓（GaAs）发出的是波长800nm的红外线，砷铝化镓（GaAlAs）则是根据镓铝的比例不同，可以发出红色到绿色的可见光。氮化铟镓（$In_{1-x}Ga_xN$）则可以发出蓝色的光。基本上单靠发光二极管是无法发出白色光的。

●白色LED的原理

在手电筒的塑胶外壳里加入一些接触到蓝光就可以发出黄光的荧光物质后，再用会发出蓝光的氮化铟镓（$In_{1-x}Ga_xN$）二极管，将两者叠加组合。当二极管发出的蓝光和荧光物质发出的黄光同时映入人眼后，看起来就像是白色的光线。

图 **两种手电筒**

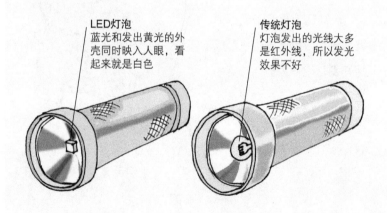

LED灯泡
蓝光和发黄光的外壳同时映入人眼，看起来就是白色

传统灯泡
灯泡发出的光线大多是红外线，所以发光效果不好

※ 能隙：英文是energy gap。在固态物理学中泛指半导体或绝缘体的价带顶端至传送带底端的能量差。

蓝色LED的开发小故事

现在大家使用蓝色LED似乎是再正常不过的事情。其实在LED发明之后的许多年间，一直局限在红色、黄色和绿色几种颜色内，蓝色的LED一直未能研发出来。

半导体所发出的光线颜色是由能隙决定的，能隙大的半导体即可发出波长短的光线。根据研究显示，大能隙的半导体材料如氧化锌、硫化锌、硒化锌等，都是属于Ⅱ~Ⅵ族半导体，可这些材料都无法控制p型和n型半导体。

当年，对这方面研究十分关心的名古屋教授赤崎勇先生，在进行了多次基础研究后，于1989年终于研制出了蓝色LED产品。其后又以中村修二博士的发明为契机，蓝色LED得以大批量地生产，并流入市场。

而被认为更难于制作的蓝紫色半导体激光也已经成功开发，现作为蓝色光盘的主要组成部件，被广泛地使用在家庭生活中。

Electronics

第 7 章

电子产品的
奥秘

为什么电视机可以播放出远方传来的图像？
液晶电视为什么可以这么薄？
手机又是如何通话的？
本章将通过了解周围电子产品的奥秘，
来带领大家提升理科小常识。

电视机的奥秘

电视机为什么可以播放图像?

001

摄像机拍录下来的图像可以转为信号,经由电波、电缆、光纤等方式传输。传输出来的信号再被还原成原来的图像投射到电视屏幕上。

电视机(television)是远处(tele)也可以看到图像(vision)的意思。摄像机拍录的图像转换为信号后,经过一系列的信号传输装置便可以传输到远方。

如图所示,将摄像机拍录下来的二维画面用扫描线分割,并转换成按时间顺序排列的一维信号列,再将一维信号列通过

图 **经扫描线分割画面后传送**

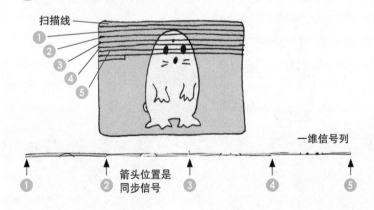

有线或无线的方式传输出去，接收端再把一维信号列还原成二维画面，并投放在屏幕上，这就是电视机工作的基本原理。将一维信号还原成二维信号时的记号，就是同步信号。

　　电视台演播室录制的节目画面，剪辑后通过电波用天线将信号传送到接收器，也可以经由卫星用电缆传送信号。

图　**电视系统**

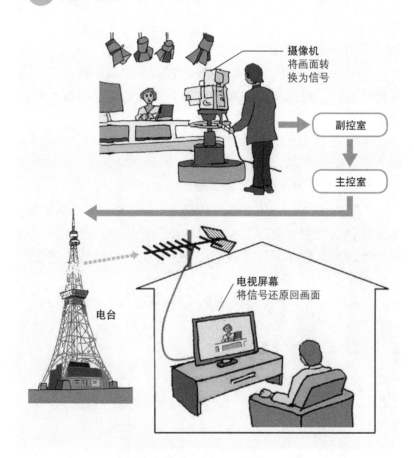

摄像机
将画面转
换为信号

副控室

主控室

电台

电视屏幕
将信号还原回画面

Q 002 摄像机如何将画面转换成信号？

摄像机是利用分色滤镜a和分色棱镜b将镜头拍到的画面分解成红R、绿G、蓝B三原色，并投射在图像传感器上转换为信号的。

❶ 半导体图像传感器

大部分的摄像机所使用的都是CCD或CMOS的半导体图像传感器。光电二极管把光能转换为电能的原理称为"光伏效应"。

光电二极管如❸所示，是由p型和n型的半导体接合而成。p型半导体是把空穴（带正电荷）作为载体的半导体，而n型半导体则是把电子（带负电荷）作为载体的半导体。

如果p型半导体和n型半导体接合，n型半导体的电子和p型半导体的空穴就会相互扩散到对方的范围内，而接合面附近会形成没有载体的区域（耗尽层），这一区域将会产生扩散电位差。

光电二极管如果接触到光线，就会如❹所示，耗尽层会产生电子和空穴的配对，配对后再因为扩散电位差而分离，p型为正、n型为负而产生电力。

图1 摄像机的颜色分解

两种颜色分解机制

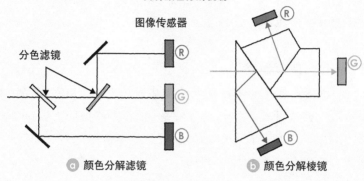

图像传感器

分色滤镜

Ⓐ 颜色分解滤镜　　　　　　　　Ⓑ 颜色分解棱镜

图2 pn结与光伏效应

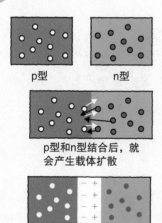

p型　　n型

p型和n型结合后，就
会产生载体扩散

形成扩散电位差

Ⓒ **pn结的原理图**
蓝球是电子，白球是空穴，电
子与空穴接触就会相互抵消

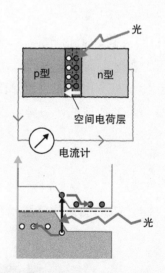

光

p型　　n型

空间电荷层

电流计

光

Ⓓ **光伏效应的原理**
只要接触到光线，pn结附近的电子
就会被传导激发，空穴会停留在价电
子带。这样一来电子和空穴就会因为
扩散电位差而分开，p型为正、n型
为负而产生电流

●CCD图像传感器

CCD是电荷耦合元件（charge-coupled device）的英文缩写，如图4所示，通过依次加上栅压的方式，将光产生的电荷如同接力一样传送到邻近的电容。

●CMOS图像传感器

CMOS图像传感器中的每个电容都有一个光电二极管、增幅器及电晶体开关。选择电容就是把行列指定的电容用开关打开的意思。当开关打开时，信息就会传至信号回路。CMOS传感器与CCD传感器相比，有这样一个优点：它会将传来的信号增幅，扫描时不会受到其他杂音的影响。此外，CMOS图像传感器因为成本不高，也广泛应用在DRAM等半导体电路中。

❷ 显像管、显像板

在过去的很长时间内，被称为显像管的真空管，都是电视台摄像机所用的主流图像传感器，但现在已经被上述半导体图像传感器所取代。可是，当我们追求高感度时，仍会选择使用显像管。

 CCD图像传感器

图4 CCD电荷传输原理图

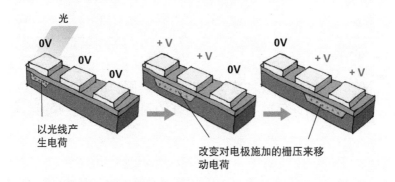

光

0V

0V

0V

以光线产
生电荷

+ V

+ V

0V

改变对电极施加的栅压来移
动电荷

0V

+ V

+ V

图5 CMOS图像传感器的图像传输原理

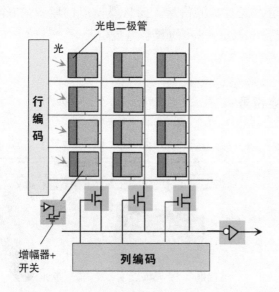

光电二极管

光

行
编
码

增幅器+
开关

列编码

Q 003 数字电视是什么？它和模拟电视有什么区别？

A 数字电视和模拟电视均利用同样的电波幅频发射，但前者可以用清晰的画质播放更多频道。

传统的模拟信号是在一个频道约6MHz的幅频中，加入模拟式的图片复合信号（把彩色信号和同期信号重叠在黑白画面上）和声音信号。

数字信号，将6MHz幅频分成13段。播放高清视频时，一般使用其中的12个。而播放普通视频时只用到3个，所以可以在同一频道发送复数的信息。而只要使用13段中的1个，就可以播放手机用的One-Seg的数字电视信号。

图 数字信号

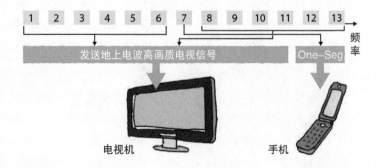

● 小专栏

模拟信号和数字信号收发方式的区别

模拟信号的收发方式

　　模拟电视是在甚高频（VHF）和特高频（UHF）电波中用Video复合信号调整其幅度或频率的同时，再使用声音信号调整。电视机再将接收到的电波调整后，还原为图像和声音信号。如果使用模拟信号，电视台的画面和电视机的画面几乎是同步播出。

发送流程　　　　　　　　　　接收流程

数字信号的收发方式

　　与模拟信号相比，数字信号的收发方式则复杂很多。首先，将图像和声音标准化、量子化，然后转变成数字信号进行压缩。再将之多重化、加上除错的信号，调整为OFDM（正交频分复用技术）信号后发送。

　　电视机只调整接收到的电波，是无法得到图像和声音信号的，必须将接收到的电波转换为数字信号进行除错处理，然后将除错后的数字信号中所选出的图像信号和声音信号还原，最后才能得到正确的信号。因为处理信号需要一定的时间，所以与模拟信号比有一个时间延迟的问题。

```
数字信号  图像信号→符号化(压缩)→        封
         声音信号→符号化(压缩)→ 叠加化  包 → 多重化 → 调整
                                               OFDM →

协调器 → 调整 →  DEMUX    → 符号化(还原)→ 图像信号
                除错（CAS） → 符号化(还原)→ 声音信号
```

信号收发过程

Q 004 电视机的信号是怎样转换成图像的?

A 在同步信号处将一维的电视信号折叠,就变成二维的图像。

　　显像管电视让电子射束沿着扫描线运动,在同步信号处折叠,激发显像管里的荧光体产生图像。

　　彩色电视的显像管是将红Ⓡ、绿Ⓖ、蓝Ⓑ三条电子射束,通过荫罩的孔或是细缝后,从而使红绿蓝的荧光体发光。

图 **彩色显像管的电子枪、荫罩、荧光体**

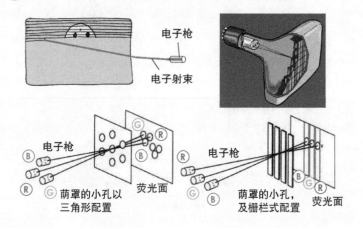

Q
005
电视为什么可以越做越薄?

因为近期开发的液晶、等离子、EL等电视,都是以矩阵方式选择电容。

为了保证射束可以迂回前进的必要距离,显像管电视要有一定的深度,因此它必然会"很厚"。相比之下,液晶电视、等离子电视、EL电视等薄型电视因为使用矩阵方式,沿着扫描线的行列来指定电容,因此能够做得很薄。

下图就是以矩阵式选择电容的例子。外侧电极线A1、A2、A3……和内侧电极线B1、B2、B3……是垂直的,如果指定A1和B1,就会使被选择的红色电容区域A1B1发光。因此,像这种矩阵式原理的电视机,要比普通的电视机薄很多。

图 矩阵式方式选择电容

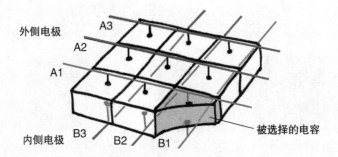

液晶电视上的液晶是什么?

液晶是一种介于固体和液体之间的物质,它是一种具有规则性分子排列的有机化合物。

　　如图所示,液晶分子的排列方式会随着温度的变化而变化。在低温时会像ⓐ一样呈现固体状态,且分子的排列整齐又规则。当温度升高后,就会像ⓑ一样,分子虽然向着同一方向

图 **液晶的构造与物性**

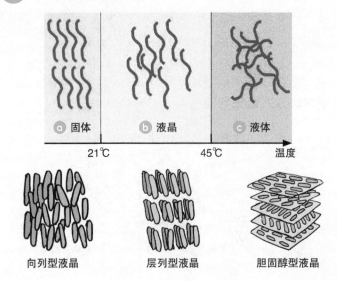

ⓐ 固体　　　　　ⓑ 液晶　　　　　ⓒ 液体

21℃　　　　　45℃　　　　温度

向列型液晶　　　　　层列型液晶　　　　　胆固醇型液晶

排列，但分布状态则是随机的，没有固定的分子间距，这就是"液晶"状态。如果再升高温度至超过熔点，就会像 ⓒ 一样呈现液体状态，此时液晶分子的方向和间距都是随机的，毫无规律可言。

液晶分为三类，向列型液晶、层列型液晶和胆固醇型液晶。其中，向列型液晶的分子具有正、负电荷，电场与磁场相互叠加后，可使分子按照一定的方向排列。此时，光线的偏极性会发生改变，因此也可用来作为光开关使用。

液晶真的来自乌贼吗?

007

刚开始研究液晶时，提取自乌贼肝脏中的两种物质制成"胆固醇型液晶"。但使用在液晶电视上的向列型液晶，则是化学合成物。

在乌贼的肝脏中可以提取胆固醇和酯类化合物苯甲酸。初期的液晶就是通过加热这两种物质制成，我们称之为"胆固醇型液晶"。而用在液晶电视上的向列型液晶，则是化学合成物。

过去虽然是由乌贼肝脏制成液晶，但现在则是化学合成的。

液晶为什么可以将图像投射到电视上？

因为液晶是一种可以借助电力控制光线的光开关，所以只要借助许多电容来控制光线，就可以投射出图像。

　　液晶面板的结构如同下页的上图所示，让带有透明电极的玻璃板相接，然后在玻璃板中间的缝隙中注入液晶。这种状态下液晶分子的方向与面板是平行关系。

　　虽然液晶分子的方向是参照取向膜，但是如ⓐ所示，当两个取向膜的方向呈90°垂直时，液晶分子也会随之回转90°而成为垂直方向，这就是"TN液晶"（twisted nematic液晶）。

　　如果直线偏光通过ⓐ状态时，偏光的方向就会旋转90°。如果偏光板的方向与偏光方向平行，便无法透光而成为黑色。如果像ⓑ一样，对透明电极施加电压，那么因为液晶分子会向着电场的方向竖向取向，偏光不会回转而是通过平行的偏光板，所以看起来就是明亮的。

　　这一原理的液晶面板有一个缺点，就是在施加电压时，液晶分子的竖立速度较慢，所以无法显示动作较快的图像。为了改善这一缺点，"IPS液晶"（in plane switching液晶）应运而生，如图ⓒ~ⓔ所示。IPS是借助液晶分子在面板内旋转来控制光线，它的反应速率较快，所以能够显示动作速度比较快的画面。

图 液晶面板的构成和工作原理

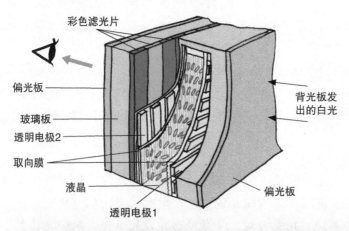

彩色滤光片

偏光板

玻璃板

透明电极2

取向膜

液晶

透明电极1

背光板发出的白光

偏光板

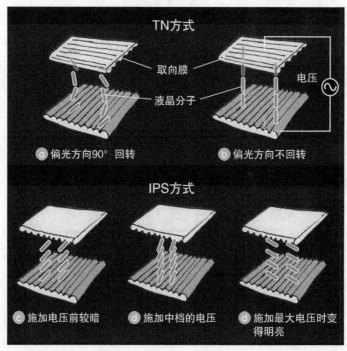

TN方式

取向膜

液晶分子

电压

ⓐ 偏光方向90°回转

ⓑ 偏光方向不回转

IPS方式

ⓒ 施加电压前较暗

ⓓ 施加中档的电压

ⓓ 施加最大电压时变得明亮

179

液晶面板和等离子面板有什么区别?

液晶是光开关,所以必须要有背光。而等离子则与荧光灯原理相同,本身就可以发光。

　　液晶面板是按照电容排列的光开关,通过控制背光来投射图像。而等离子面板是通过每个电容单元内的电极来放电,产生等离子发出紫外线,并激发涂在发光单元内的荧光体颗粒,利用荧光体颗粒发出红、绿、蓝三色光线来投射图像。它与荧光灯的发光原理相同。

　　与液晶不同的是,等离子的反应速率较快,擅长显示快速动作的图像。不过因为其发光效率不佳,如何改善耗电量是将来的重要研究课题。但是,因为等离子电视可以制作到50英寸以上,所以在市场上仍然保有一定的优势。

图 **等离子面板的工作原理**

驱动扫描板 ❶　　　　　　　　　❷ 维持放电板
等离子　等离子　等离子
紫外线 ❹
❸ 地址驱动板

只有在选择电容时,在❶和❸之间施加高电压,之后只要在❷和❸之间施加低电压,即可维持发光

Q **010** 液晶与有机EL有什么区别?

A 液晶是光开关，但EL与LED是同样的原理发光。

所谓的EL（electroluminescence）是通过电力激发而发光的屏幕。根据使用材料的不同，分为有机EL和无机EL两种。市面上的可移动机器和迷你电视使用的均是有机EL。虽然有机EL和液晶面板同样使用有机材料，但相对于液晶的绝缘性，有机EL材料是可以导电的半导体。

有机EL是由❶电子传输层、❷发光层、❸空穴传输层组成，从电极输入的电子与电洞在发光层结合时便会发光。因为与半导体的pn结是同样的结构，因此也被称为有机LED（organic-LED）。

图 **有机EL的结构**

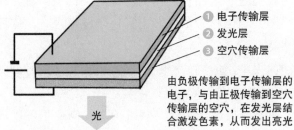

❶ 电子传输层
❷ 发光层
❸ 空穴传输层

由负极传输到电子传输层的电子，与由正极传输到空穴传输层的空穴，在发光层结合激发色素，从而发出亮光

光

手机通话的原理是什么？

手机拨出对方的号码后，信号首先被传送到基站，再送到交换台。交换台会搜寻对方所在的基站，从而连通对方的手机。接通后，声音信号便会转为数字信号，由800MHz的电波再传送到基站。

假设A先生在基站2管辖范围内，要打电话给在基站4的B小姐：

❶A先生拨出B小姐的电话，拨出号码会随着电波传送到基站2，通过基站2的有线线路传送到交换台1。交换台1会搜寻B小姐所在基站的管辖范围（手机每隔一段时间就会向基站送出自己所在位置的信号），找到之后，基站4就会发出拨号音，由电波传送到B小姐的手机。

❷B小姐接听电话后，话筒将收到的声音由模拟信号转为数字信号，通过上述路径回传到对方的手机上。对方的手机再将数字信号还原回模拟信号，由扬声器发出声音，这样，两人就可以通话了。

❸如果B小姐不在交换台1时，就会传送信号到其他交换台来寻找B小姐。

手机不仅能传送声音，相机拍下的画面也可以转为数字信号传输出去。

图　**手机的通话原理**

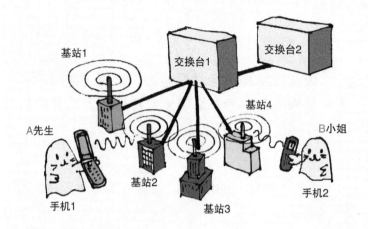

 手机与小灵通有什么区别？

012

 与手机相比，小灵通发出的电波非常弱。

　　小灵通（全称为个人手持式电话系统，也被称为无线市话，英文简写为PHS）使用的电波强度，与家用无线电话的子母机之间使用的电波强度一样微弱。因此，小灵通需要架设更多的基站和天线来扩展通话范围。

传真机如何将传真传给对方?

A 传真纸本身不会被送过去，但纸上的内容会被转换为信号发送出去，再在对方的传真纸上重现。

　　传真机的英文是facsimile，其工作原理和电视的扫描线相同。用传真机拨打对方的电话号码时，便会有"滴滴……"的拨号音传到对方的传真机上，如果对方的传真机已准备好接收，就会发出另一种提示音，表示"我已同意接收"。然后传真机就会发射光点在传真纸上左右往复地扫描，并用传感器接收反射光，再将其转为信号。传真纸上的黑白色调，代表着不同的信号强度。0代表白色，1代表黑色，信号就会变成0001101101000的编码。

　　传真机读取一行文字后，送纸进入传真机，光点带到传真纸左端，加上左端文字的同步信号后，再读取下一行的文字。这样，二维的图像就会被转为0001101101000+同步信号的一维信号列。信号列再通过调制解调器转为声音信号，经过电话局传送到对方的传真机。收信端会按照一维的信号将0转为白色，1转为黑色，打印后就会还原回二维的图像。

　　实际上，传真机是将接收到的信号储存在存储器中，先压缩后传送再还原，这一过程非常复杂。

图 **传真机的原理**

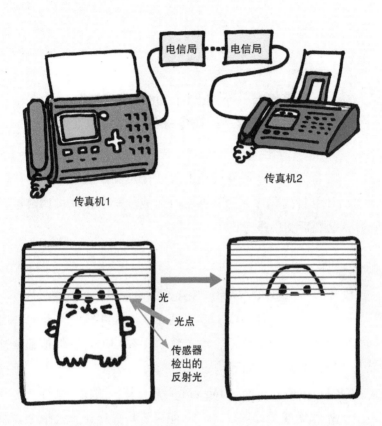

传真机1用光点扫描需要送出的图像，传感器则把纸上反射出的光线转为信号，再以一维的信号列方式送出，收信端再将一维的信号转为二维的图像。此外，现在使用的传真机，也有不移动光点，而是以线测器来扫描

Q 014 计算机为什么可以进行计算呢?

计算机有一个叫做CPU的半导体芯片，它会按照存储器程序的命令来执行计算和工作等。

首先介绍一下，计算机是由❶硬件（机器部分）和❷软件（驱动计算机的程序命令）两部分组成。至于计算机如何进行计算，会在后文中进行说明。

❶ 硬　件

硬件指的是组成计算机的电路和其附属设备等物体。

如图所示，硬件由CPU、可携存储器（红线框部分）、内部存储器（蓝线框部分）、输入输出设备（I/O，绿线框部分）以及计算机的操作界面等构成。

CPU（central processing unit）是计算机的核心部件，也称为中央处理器或微处理器，其功能主要是解释计算机指令以及处理计算机软件中的数据等。存储器又分为两种：一种是可擦写的随机存储器（RAM）；另一种是只读存储器（ROM）。作为储存程序和数据的内部存储器，有硬盘、可读写的光盘、USB闪存盘等。输入输出设备（I/O）中，输入设备有键盘、鼠标、扫描仪等；输出设备则有显示器、音响等。这些I/O设备通过各个接口与中央处理器连接。

② 软 件

软件是计算机系统中的程序、数据和文档的集合。软件大体分为Windows、Mac OS和Linux等基础软件，还有文字处理器、计算器、游戏等应用软件。

③ 开 机

按下计算机主机的开关，就会由记录在ROM里的基本输出输入程序BIOS，将输出输入设备、外部存储器等界面初始化，使之达到可以工作的状态。接下来会载入存储在硬盘里的基本软件（如Windows7）。此后的操作都是在OS的管理下进行。

图 **计算机的构成**

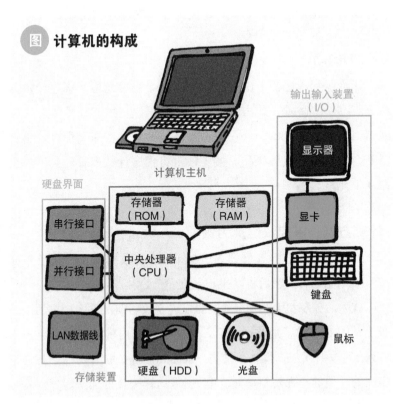

④安装程序

将应用程序导入计算机，称为安装程序。例如，安装计算器软件，通常该软件的程序存储在CD-ROM等光盘中，我们将光盘放入光驱后，系统就会自动启动安装程序，且程序会自动调整为适合该计算机的方式存储在硬盘里。

⑤执行程序

点击计算机软件的图标，计算机就会从硬盘中读取由④所建立的计算机软件，并写入存储器中。开始执行程序后，电子表格就会显示在屏幕上。通过键盘将数字输入至数据表的空格处，按下相加的按钮，就会自动计算结果并显示在新的空格里。

⑥CPU的动作

开始运行程序后，CPU会将程序的命令单元格和程序计数器结合，对命令以内所记载的信息加以判断，如00110110011001100111……是命令还是数据？如果是命令，就解释其命令并执行具体操作。接下来再将程序计数器移动到下一个命令单元格。

•计算方法：以加法运算为例

例如，我们要把存储器内资料单元A的数据D(A)，加上单元B里的数据D(B)，然后将结果记录在单元C内。

首先，计算机会将单元A里的二进制数据D(A)写入CPU的演算器上，CPU接受了加法命令后，会将演算器内的二进制数字加上单元B的数据D(B)，操作累加器（accumulator）执行命令，然后把相加的结果储存在资料单元C里。就像这样来执行加法运算。

图 程序的安装和运行

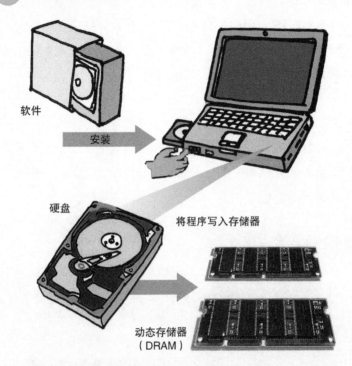

软件

安装

硬盘

将程序写入存储器

动态存储器（DRAM）

	0	1	2	3	4	5	6	7	8	9	A	B	C	D	E	F
0	0	0	1	1	0	1	1	0	0	1	1	0	0	1	1	1
1	1	1	0	0	1	1										
2																
3																
4																

在存储器的各存储单元内，以0011……的方式写入程序

计算机会反复地进行相当于1+1=2的二进制演算、四则演算和复杂的计算等，再根据定时器信号一步步地执行命令。因为定时器信号间的间隔时间比1×10^{-9}s还要短，所以计算速度非常快。

　　而实际上CPU的命令也分长短，因此有必要先判断CPU命令的长短，如8进制、16进制、32进制等。

●转移、分支等情况

　　在计算机的命令中，有移动到别的单元的指令，也有将暂存器中的数据和存储器中的数据做对比的指令，计算机会根据指令的大小来区分目标。

●输出输入

　　有的命令是通过接口将数值或字符串从输入输出设备中读取，再写入打印机或外接存储设备等。

图　**CPU的工作**

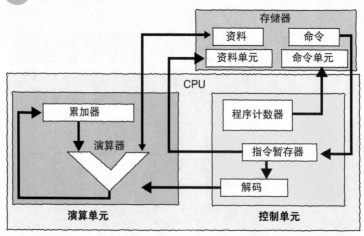

Q 015 为什么公交IC卡只要感应一下，就可以通过地铁闸门呢？它需要安装电池吗？

因为卡片中安装了一个小小的芯片，芯片里又安装了线圈，芯片的线圈和闸门的线圈会通过电磁波来交换信息。且卡片的电源也是由闸门的电磁波提供的。

我们乘坐交通工具（地铁、有轨电车等）时使用的IC卡，它里面植入了IC芯片，芯片再连接到环形天线上。当卡片接收到闸门内置的主天线发出的13.56MHz的高频电磁波后，会将电磁波整流给IC芯片并作为电源来使用，所以不需要电池。IC卡里还装有一个存储器，内部储存着卡号、使用者身份、使用期限等近50项相关信息。

当我们通过闸门时，IC卡和闸门的主芯片会用高频电磁波交换信号，连接网络后将信号传送到计算机。计算机会进行整体的资料管理，并且当我们使用IC卡时，会将更新后的资料及时写入IC卡。

日本最早出现的IC卡是"Suica"，现在还可以当做电子零钱包被广泛使用。例如，在商店或是列车上购买产品、搭乘出租车等。2009年6月的一次统计数据显示，IC卡在一天中的使用次数竟然高达150万次。

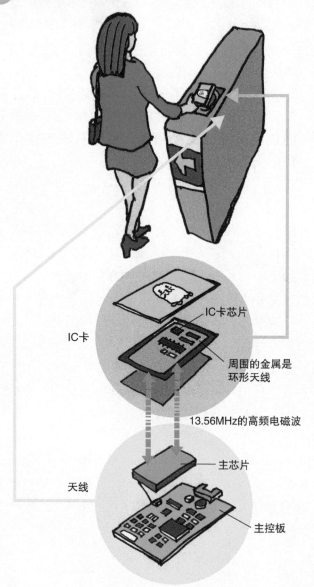

图 公交IC卡的原理

IC卡

IC卡芯片

周围的金属是
环形天线

13.56MHz的高频电磁波

主芯片

天线

主控板

互联网为什么可以连接全世界呢？信息为什么可以在一瞬间就得到呢？

数字化的信息可以利用分布在世界各地的服务器，经过N条路线后传送到我们的计算机。

下图表示的是互联网的概念。在区域X内用户的计算机A和另一名用户的计算机B，因为连接着同一台服务器，所以可以立刻找到彼此。但是A没有直接连接到计算机E的路线，这时可以经由服务器X2到服务器X3的路线相连接。如果这条路线非常拥挤，那么还可以通过服务器X5到服务器X4，再连接到服务器X3上。互联网就像蜘蛛网一样遍布世界各地，这个世界性的蜘蛛网也被称为"world wide web"。

我们利用搜索引擎可以找到很多资讯，这是因为搜索引擎事先已经搜索并储存好可能用到的资料，还因为互联网会自动找到最快的连接路径，所以我们可以在很短的时间内便获得所需要的信息。

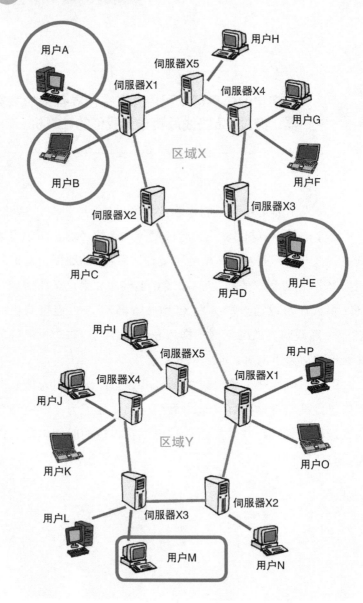

用户A

用户B

伺服器X1

用户H

伺服器X5

伺服器X4

用户G

用户F

区域X

伺服器X2

伺服器X3

用户C

用户D

用户E

用户I

伺服器X5

用户P

伺服器X4

伺服器X1

用户J

用户K

区域Y

用户O

伺服器X3

伺服器X2

用户L

用户M

用户N

Q 017 **CD为什么可以用光来读取信息?**

A CD将数字信号用凹陷排列的方式来记录，读取时用激光照射凹陷处，再将凹陷处反射回来的光线强弱变回电子信号来读取。

　　记录在CD里的是像图ⓑ那样的0和1的数字信号。实际上并非直接记录为1,1,0,1,0,1,1……这样的形式，而是像ⓒ一样，当输到1时，首先使极性反转变换成脉冲序列（NRZ信号），然后加压在CD的塑胶基板上，像ⓓ,ⓔ那样以凹陷的排列方式记录。CD凹陷的深度通常为110nm，因此利用激光的光点照射基板到凹陷排列的内侧，来读取CD凸起处的信息。

　　如ⓕ所示，因为激光（波长780nm）的光点直径（约1000nm）比凹陷处的宽度（500nm）宽很多，所以会产生来自凹陷处和平面处的反射光。如ⓖ所示，凹陷处的反光1和平面处的反光2，在塑胶（折射率为1.58）中几乎是半个波长的相位错开，可以相互抵消，因此光线不会再次被反射。ⓗ是光盘读取器结构，如同ⓘ所示。半导体激光会由分光镜聚集在凹陷处，再用光线传感器解读反射光。

图 **CD的读取原理**

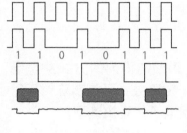

ⓐ 定时器信号

ⓑ 数字信号

ⓒ 脉冲序列

ⓓ 凹陷排列

ⓔ 加压凹陷后的塑胶基板（剖面图）

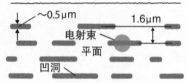

ⓕ 激光光点的直径比凹陷处的宽度大

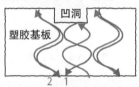

ⓖ 凹陷处的反射光与平面处的反射光会相互抵消

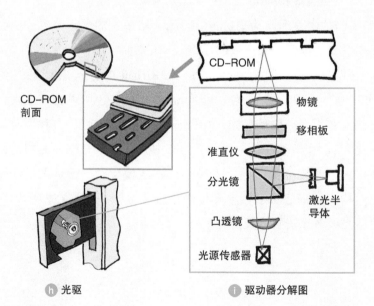

CD-ROM 剖面

ⓗ 光驱

ⓘ 驱动器分解图

Q 018 怎样将资料写入CD？

A 激光的热量能够破坏色素，改变原子的排列顺序，我们便利用这个方法来记录信息。

光盘分为两种：一种是只读型光盘，如CD-R；另一种是可记录型光盘，如CD-RM。

如图所示，CD-R会使用色素膜，将激光集光加热后，色素就会分解。此时，基板也会因受热而变形，如同CD-ROM的凹陷形状。因为这种变形无法还原，所以前次记录的信息无法消去或者被新的信息覆盖。

而CD-RM使用的是由Ag-In-Sb-Te四种元素合成的合金膜，在烧制资料前，元素是处于规则排列的"结晶"状态。烧制时，激光把刻录层的物质加热到500~700℃，之后迅速冷却。这样，光点中被加热到熔点以上的部分就会熔解，急速冷却时原子的排列就会呈现不规则化，变成无固定形态。

CD-RW的记录原理是光从结晶形态变成无固定形态，这是一个相变化的过程，所以称为"相变化光盘"。因为无固定形态的反射率非常低，这些低反射率的地方和CD-ROM光盘上的"凹陷"有着同样的工作原理。

CD-R是借助激光加热分解色素，由软化的聚碳酸酯形成凹陷（把1mW的激光集光在$1\mu m^2$的光点上，就可以得到10万W/cm^2的能量密度）

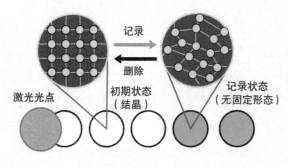

小知识　直流电、交流电、电磁波频率

直流电

　　方向和时间不做周期性变化的电流。就像用干电池连接灯泡一样，通过电线的电流方向只有一个，不会随着时间而发生变化。

交流电

　　方向和大小均做周期性变化的电流。像交流电的插头和插座，电线里的电流方向会随着时间做周期性变化。

电磁波频率

　　交流电的波形在1s内重复f次时，f称为"频率"。单位是赫兹，符号为Hz。反之，交流电的波形每T秒重复一次时，T就是周期。$f=1/T$。

按照频率分类电波

超低频（VLW）3.33~33.3kHz
低　频（LW）33.3~333kHz(电波表 电磁炉)
中　频（MW）333~3.33MHz（AM收音机）
高　频（SW）3.33~33.3MHz（短波收音机）
甚高频（VHF）33.3~333MHz（FM收音机、VHF电视）
特高频（UHF）333~3.33GHz（UHF电视、微波炉）
超高频（SHF）3.33~33.3GHz（卫星播放）

Space
&
Earth

第 8 章

宇宙和地球的奥秘

你的思绪是否经常驰骋在
无边无际的宇宙和广袤的地球中呢?
再次放飞思绪, 一起来提高我们的理科常识吧!

宇宙是怎样形成的？

001

大爆炸发生前，只存在着真空。大爆炸发生时，产生了极高温、极高压的环境。这时，真空中产生了粒子和反粒子。随后只剩下粒子，并在碰撞中反复融合、分裂，最后形成了各种元素。

距今137亿年前，一直是真空状态的宇宙某一点发生了一次大事件，称为"宇宙大爆炸"，这就是宇宙的起源。那时的大爆炸产生了粒子和反粒子※，它们在一瞬间融合后，便产生了许多种不同的元素。在大爆炸的30万年后，形成了现在的宇宙原形，且宇宙一直维持这种状态直至今天。

1927年由比利时牧师乔治•勒梅特最早提出，宇宙是由大爆炸产生的观点。他将遥远的银河星系会遵照哈伯定律扩张的实际观测，以广义相对论来解释，得出了"宇宙正在膨胀"的结论。再追溯宇宙膨胀的过去，可以得知宇宙形成的初期，所有的物质和能量都集中在一点，呈现高温、高密度的状态。这种初期的状态，以及这一状态的爆炸性膨胀，称为"宇宙大爆炸"。

1948年，前苏联的乔治卡莫夫曾提出，如果宇宙有大爆炸，就会发生宇宙微波背景辐射。在1960年时这一理论被证实。

※ 如大家所知，作为粒子之一的电子，和作为电子反粒子的正电子（positron）互相碰撞后，电子和正电子就会消失成为真空。这一情况也被利用在正电子发射计算机断层扫描上。与此相反，极端的高温、高压环境下，真空也会产生粒子和反粒子。

图 宇宙形成年表

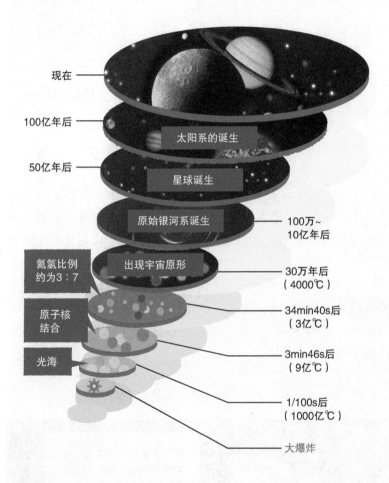

现在

100亿年后

50亿年后　太阳系的诞生

　星球诞生

　原始银河系诞生　　100万~
　　　　　　　　　　10亿年后

氦氢比例　　出现宇宙原形　　30万年后
约为3：7　　　　　　　　　（4000℃）

原子核　　　　　　　　　34min40s后
结合　　　　　　　　　（3亿℃）

光海　　　　　　　　3min46s后
　　　　　　　　　（9亿℃）

　　　　　　　　1/100s后
　　　　　　　　（1000亿℃）

　　　　大爆炸

宇宙为什么是黑的？

因为会发光的天体有限，而宇宙又接近真空状态，几乎没有光的散射现象发生。

　　如果宇宙无限地扩张，且发光天体均匀分布，宇宙一定不是黑色的。可是宇宙的年龄仅有137亿年，星星的寿命有限，会发光的天体也有限，在几近真空的状态下，不具备发生光散射现象的必要条件。因此，没有星体的地方都是黑色的。

　　此外，有一派学说认为，宇宙间充满着不会发光的星际物质，称为暗物质（dark matter）。这也是为了说明仙女座星系的动向，而由美国天文学者鲁宾提出的。也有学说认为中粒子构成暗物质。

因为宇宙的年龄有限，星体的寿命也有限，因此宇宙是黑的。

Q 003 为什么夜晚的天空是黑色的，而白天就是蓝色的？

A 太阳光在空气中传播时，会因为空气的分子而使波长较短的蓝光等发生散射现象，所以天空看起来是蓝色的。

因为空气的存在，地球上的天空看起来才是蓝色的。空气大部分是由氮气（N_2）和氧气（O_2）组成，但也包含水分子（H_2O）和二氧化碳（CO_2）等气体分子。如果没有大气层，太阳光就可以直接照射到地球上，但因为气体分子的存在而被散射。

根据科学家瑞利的分析，由气体分子引起光的散射现象，与光的波长的6倍成反比，所以波长越短越容易被散射。在散射现象不严重的情况下，波长较长的红色~黄色光线可以透过大气层，但是因为蓝光的波长较短，散射现象十分严重，所以天空看起来都是蓝色的。

图 根据瑞利提出的太阳光散射理论，可以得知天空是蓝色的

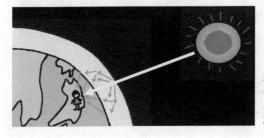

根据瑞利的光散射理论，波长越短的光越容易被散射，所以天空看起来是蓝色的

Q 004 为什么夕阳和晚霞是红色的?

A 因为在日落的时间段内，太阳光以非常接近地表的方式，透过长长的空气层后，短波长的光会被散射，波长较长的红光就会被留下来。

下图是从北极的正上方观察地球的情形。如图所示，在日夜的分界处，太阳光会以非常接近地表的方式入射，与白天相比，太阳光在空气中传播了更长的距离。在传播途中，紫色、蓝色以及绿色等波长较短的光会被散射，只有波长较长的红光可以传到肉眼，所以夕阳看起来是红色的。

图 夕阳照射时，蓝光被散射，只剩下红光会抵达肉眼

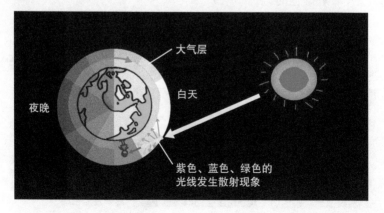

此外，夕阳下的天空看起来也是红色的。这是因为白天海上蒸发的水分以及人类活动产生的灰尘等受到红色夕阳的照耀，而闪闪发光的缘故。

早上红色的朝阳，也是太阳光在空气中经过长距离照射的缘故。但是，早上的空气中没有那么多的水分和灰尘，所以天空看起来没有傍晚那么红。

大气现象

Q
005

为什么雨后可以看见彩虹?

A

下雨后，太阳光照射在雨滴上，根据波长的不同，光线会发生不同的反射和折射现象，从而在天空中形成了漂亮的七彩光谱，便是彩虹。

　　降雨过后，太阳光照射到雨滴上会发生光的反射现象，而雨滴则发挥着棱镜的作用，如右图ⓐ一般将颜色分解。

　　雨滴反射出来的光线中，波长越短的光（如蓝光）越容易发生折射，而波长较长的光（如红光）越不容易发生折射。因此，被上面的雨滴❶反射后的光线，蓝光会在上侧，红光在下侧，映入眼中的是折射率较小的红光。此外，被下面的雨滴❷反射的光线，映入眼中的是折射率较大的蓝光。所以，雨滴的上侧是红色，下侧是蓝色。

　　彩虹看起来为什么是弯的呢？如ⓒ所示，因为被雨滴反射的紫光进入肉眼的角度是固定的，同样颜色的光线都是从以眼睛的高度延长到雨滴薄幕的点O为圆心的圆弧上进入眼睛的。因此，被雨滴反射出来的彩虹看起来是圆弧状。

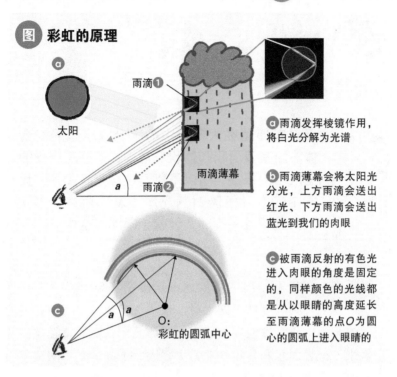

图 彩虹的原理

a

太阳

雨滴❶

雨滴薄幕

a 雨滴❷

a 雨滴发挥棱镜作用，将白光分解为光谱

b 雨滴薄幕会将太阳光分光，上方雨滴会送出红光、下方雨滴会送出蓝光到我们的肉眼

c 被雨滴反射的有色光进入肉眼的角度是固定的，同样颜色的光线都是从以眼睛的高度延长至雨滴薄幕的点O为圆心的圆弧上进入眼睛的

c

a a

O：彩虹的圆弧中心

● 小专栏

七色的彩虹

彩虹到底有几种颜色呢？从三种到七种，似乎不同国家有着不同的说法。七色的说法起源于牛顿用棱镜将白光分光定为七色开始。日本似乎是在明治时代参考英国的教科书，所以也沿用着七色的说法。无论哪一种情况，因为政治、文化、习惯、环境、宗教信仰等因素的不同，彩虹的颜色区分也会有所不同。

Q 006 云为什么可以飘浮在空中?

A 云是指停留在大气层中的水滴或冰晶的集合体。因其表面积和体积非常大,下落时所受的空气阻力很高,所以下落速度缓慢。此外,大气中的上升气流对其还产生反作用力,当两股力量相互平衡时,云就会飘浮在空中。

地表上,气温比周围高的地方,暖空气会形成"上升气流",当上升到温度低于露点时,水蒸气就会以空气中含有的空气溶胶为中心,慢慢凝结成水滴或冰晶。它们的直径仅有几十微米,但表面积和体积却非常大,因此下降时受到的空气阻力很高,下降速度也非常缓慢。当下降速度和上升速度平衡时,云就会飘浮在空中。

另外,如果水滴下降时,与其他粒子结合成空气无法托住的大水滴时,就会从云层中落下形成雨。

图 雨云降雨的过程

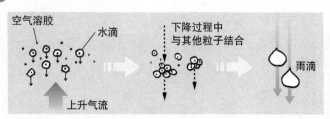

Q 007 云为什么是白色的？

云粒子使光线发生散射等现象，所以它看起来是白色的。

之前我们曾经提到过，无色透明的物质如果变成粉末状，会发生光的散射现象，所以看起来是白色的。云也是同样的道理，虽然构成云的水滴或冰晶也是透明的，但因其直径达到数十微米，也会发生光的散射现象，因此看起来也是白色的。

图 云的形成方式

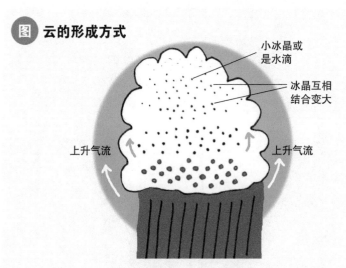

小冰晶或是水滴

冰晶互相结合变大

上升气流　　上升气流

水滴超过一定的大小，就会变成雨滴下降

《 参 考 文 献 》

『身のまわりの物理』　兵藤申一 著
（裳華房、1994年）

『金色の石に魅せられて』　佐藤勝昭 著
（裳華房、1990年）

『金属なんでも小事典』　ウォーク 著
（講談社、1997年）

『光と色のしくみ』　福江 純・粟野諭美・田島由起子 著
（ソフトバンククリエイティブ、2008年）

『したしむ磁性』　小林久理眞 著
（朝倉書店、1999年）

『発光の物理』　小林洋志 著
（朝倉書店、2000年）

『応用電子物性工学』　佐藤勝昭・越田信義 著
（コロナ社、1989年）

了解生活的科学成分
收获身边的科学知识

形形色色的
科学
SCIENCE

科学出版社

科 学 出 版 社

科龙图书读者意见反馈表

书　　名 _____

个人资料

姓　　名：_____ 年　　龄：_____ 联系电话：_____

专　　业：_____ 学　　历：_____ 所从事行业：_____

通信地址：_____ 邮　编：_____

E-mail：_____

宝贵意见

◆ 您能接受的此类图书的定价

　　20 元以内□　30 元以内□　50 元以内□　100 元以内□　均可接受□

◆ 您购本书的主要原因有(可多选)

　　学习参考□　教材□　业务需要□　其他_____

◆ 您认为本书需要改进的地方(或者您未来的需要)

_____

_____

◆ 您读过的好书(或者对您有帮助的图书)

_____

_____

◆ 您希望看到哪些方面的新图书

_____

_____

◆ 您对我社的其他建议

_____

_____

　　谢谢您关注本书！您的建议和意见将成为我们进一步提高工作的重要参考。我社承诺对读者信息予以保密，仅用于图书质量改进和向读者快递新书信息工作。对于已经购买我社图书并回执本"科龙图书读者意见反馈表"的读者，我们将为您建立服务档案，并定期给您发送我社的出版资讯或目录；同时将定期抽取幸运读者，赠送我社出版的新书。如果您发现本书的内容有个别错误或纰漏，烦请另附勘误表。

回执地址：北京市朝阳区华严北里 11 号楼 3 层

　　　　　　科学出版社东方科龙图文有限公司经营管理编辑部(收)

　　　　　　邮编：100029